沙振舜 编著

等离子体自传

[第二版]

U0250628

 南京大学出版社

内容简介

本书用拟人的写法、第一人称的口吻,阐述了等离子体的基本性质、研究历史、在若干领域的重要应用,以及发展前景,全书共18章。作为课外读物,用以增加学生的科学知识,开拓学生的科学视野,提高学生的科学素养。本书尽量避免运用过于艰深的数学知识,也不涉及专业性过强的等离子体理论,叙述深入浅出,具有趣味性。本书力图做到通俗易懂,可使读者学到一定的等离子体知识,并且精选一些插图,做到图文并茂。

本书主要阅读对象为中学生和大学一二年级学生,也可供对等离子体感兴趣的其他读者参考。

图书在版编目(CIP)数据

等离子体自传 / 沙振舜编著. —2 版. —南京:
南京大学出版社,2018.10
ISBN 978 - 7 - 305 - 21108 - 9

Ⅰ. ①等⋯ Ⅱ. ①沙⋯ Ⅲ. ①等离子体—普及读物
Ⅳ. ①O53—49

中国版本图书馆 CIP 数据核字(2018)第 242734 号

出版发行 南京大学出版社
社　　址　南京市汉口路 22 号　　邮　编　210093
出 版 人　金鑫荣

书　　名　等离子体自传(第二版)
编　　著　沙振舜
责任编辑　沈　洁　　　　　　　编辑热线　025 - 83593962

照　排　南京理工大学资产经营有限公司
印　刷　江苏扬中印刷有限公司
开　本　787×960　1/16　印张 13　字数 216 千
版　次　2018 年 10 月第 2 版　2018 年 10 月第 1 次印刷
ISBN 978 - 7 - 305 - 21108 - 9
定　价　48.00 元

网　　址:http://www.njupco.com
官方微博:http://weibo.com/njupco
官方微信号:njupress
销售咨询热线:(025)83594756

第二版自序

本书自 2016 年初版发行，迄今已有两年，并且已经售罄。

当前科学技术发展突飞猛进，等离子体科学也日新月异，越来越多的事实证明，等离子体正向各种学科渗透，应用领域不断扩大，在工农业、国防军工、人民生活等方面发挥重要作用，展示出无限广阔的发展前景。

我高兴地看到，近年来许多高等院校新设了有关等离子体的专业，不少学生把等离子体研究作为论文题目，致力于等离子体应用的工厂、公司如雨后春笋般不断涌现。从全国范围来看，等离子体研究和应用的热潮正在兴起。我有一种"喜看稻菽千重浪，遍地英雄下夕烟"的感觉。我这本科普小书也应与时俱进，跟踪时代发展，补充新的内容，介绍前沿知识，起到抛砖引玉的作用。再回头看本书第一版，由于写作匆忙和本人眼光所限，有些缺点和不足之处。鉴于上述各种原因，我与出版社商定，将本书修改补充后出第二版。

今年 5 月本书荣获第七届南京图书馆陶风优秀图书奖，这对我是很大的鼓舞和鞭策，我要把这本书改得更好，以飨读者。借此机会，我要感谢南京图书馆的荐书和评议，感谢南京大学出版社将本书出版和送评，还要感谢南京大学物理学院的支持和资助。

前些日子，南京大学物理学院林靖波先生送给我两本等离子体方面的学术著作，我从中学到不少知识，特此感谢。

再版时，我删去了原先较为艰涩的内容，增加了"我的田园梦——等离子体在农业上的应用"和"进军太空——等离子体与空间科学"两章，并对近年来热门的前沿课题作了介绍，如尘埃等离子体、汤姆孙散射诊断法、等离子体天线、等离子体火箭、等离子体减阻，等等。

等离子体科学与技术博大精深，本书挂一漏万，难免有错误和不妥之处，我希望同事、同行和读者对本书提出意见和建议，使之臻于完善。

编著者

2018 年 6 月 18 日

序

　　这本书是写给青少年朋友的。我为什么要写这本书,大概有以下几个原因:

　　我年届八十,在半个世纪的教书生涯中,有很长一段时间从事等离子体实验教学与研究,写过包含等离子体实验在内的大学教材,也研制过等离子体放电管和等离子体实验组合仪,供国内院校开展实验使用。在这个过程中,我深感等离子体科学技术博大精深,应用日益广泛,具有相当广阔的前景,是当今科技研究的前沿领域。这些年来,我对等离子体产生了浓厚兴趣,也积累了一些关于等离子体的知识与经验,欲与大家分享,正所谓"老骥伏枥,志在千里"。

　　等离子体科学与技术发展迅速、应用面广、前途远大,将来大有用武之地。然而,不少人对它还很陌生。对学生来说,为了以后能大显身手,具备一定的等离子体知识很有必要,我在这里将这本科普小书奉献给大家,也是抛砖引玉,让青少年掌握初步的等离子体知识,了解等离子体学科的重要性及其应用的广泛性,希望青少年朋友对等离子体产生兴趣,走上科学之路,为祖国做出卓越贡献。

　　目前关于等离子体的论文、教材、专业图书等汗牛充栋,然而适合青少年阅读的科普书籍却为数不多,本人见过的有汪茂泉著的《课余谈物质第四态》,写得很好,是写给青少年看的,我受此启发,萌生了写作的念头。

　　前几年,我写过一本科普书,书名为《最美丽的十大物理实验》,目的在于提高中学生综合素质、培养科学素养,出版后,据说反映不错,这也鼓舞了我从事科普创作,想在我有生之年,为青少年提供点"精神食粮"。

　　本书用拟人的写法、第一人称的口吻,述说等离子体的基本性质、研究历史,以及在若干领域的应用,这样写是为了增加亲切感和可读性,引起读者兴趣。全书避免运用过于艰深的数学知识,也不涉及专业性过强的等离子体理论,叙述深入浅出,可使读者学到一定的等离子体知识。本书力图做到通俗易懂,并且精选一些插图,做到图文并茂,适合学生阅读。本书对极个别生疏、难懂的名词术语做了注释,以帮助读者理解。

在写作本书的过程中，我慕名到南京苏曼等离子科技有限公司，在总经理万京林陪同下参观了该公司的科罗纳实验室，在这所国内著名的低温等离子体研发中心，我看到了形形色色的等离子体发生器，以及应用于各行各业的等离子体设备，感受颇深，这丰富了本书的内容。此外，万总对本书的初稿提出了宝贵意见，在此，谨向苏曼公司总经理万京林和董事长万荣林表示衷心感谢。

我要感谢南京大学物理学院吴小山副院长，院长助理应学农，基础实验教学中心主任周进教授，南京大学新闻传播学院韩丛耀教授，南京大学出版社王伟社长，吴汀、沈洁、王南雁等编辑在本书写作与出版过程中给予的支持和帮助。

我要感谢我的妻子孔庆云对我始终如一的支持，我的孙女沙润钰和我的孙子沙云飞作为本书最初的读者看了本书的初稿，做了是否适合中学生阅读的试验，此外，沙明和沙星帮助输录书稿、描绘插图，为本书做出贡献，我在此一并表示感谢。

我还要感谢参考文献中的所有作者，我的同行、书友以及互联网，使我从中吸取了写作的营养。

由于等离子体科学是一门正在发展中的学科，加之本人水平所限，错误和不当之处在所难免，欢迎读者批评指正。

编著者

2016 年 5 月 1 日于南京

目　录

引　子

各位看客：

目前，等离子体电视已经面市，这种平板电视的亮度和清晰度，比普通显像管电视机要高好几倍，况且容易实现大画面和薄形化。如果您的亲戚朋友想买等离子体电视，问您什么是等离子体时，您该如何回答呢？这本小书给您介绍一点关于等离子体的基本知识，题名为《等离子体自传》。欲知详情如何，且看下文分解。

图 0-1　等离子体电视

第一章　我的身世

——等离子体基本概念

一、我的名字叫等离子体

开宗明义第一章,我来介绍我的身世。我的名字叫等离子体,英文名字叫"plasma",它来自希腊语"πλασμα"的译音,与"血浆"同音,所以在中国台湾地区我被叫作"电浆",在中国大陆我则被称作"等离子体",早年也曾经译作"等离子区",俗称"物质第四态"。不管怎么叫,反正我就是我,是不同于固态、液态、气态的物质聚集态。为什么称作物质第四态呢?那就从我的形成来看吧!

也许有的人对我不大熟悉,然而,我可是无所不在的啊! 远在天边,近在眼前。在宇宙中,99%是我(图1-1);在地球上,虽然天然等离子体不多见,但人造等离子体可不少。夺目的闪电、壮丽的极光是地球上的天然等离子体辐射现象。炽热的火焰、飞机尾迹云[①](图1-2)、火箭发动机的燃气、五彩缤纷的霓虹灯、柔和的日光灯、耀眼的电弧(图1-3)、气体激光器(图1-4)、等离子体电视机中都有我的身影,这些都是人造等离子体。

图1-1　星系——巨大的聚变反应堆

图1-2　飞机尾迹云

①　尾迹云:俗称"飞机拉烟"。喷气式飞机在高空飞行时,机身后边出现的一条或数条长长的"云带",即尾迹云。它是飞机排出来的废气与周围环境空气混合后,经水汽凝结而成的。

图 1-3　直流电弧等离子体发生器

图 1-4　气体激光器

等离子体是性质各异、形态各样的。下面介绍人们能看到的大气层中的等离子体现象。例如,瑰丽的极光(图 1-5)是最迷人的大自然奇景之一,理所当然地会吸引人们的注意。它似五颜六色的光流,又似一条发光的银河。有时它像红色的绒幕飘忽于蓝天,有时又像巨大的光柱悬在空中,色彩绚丽,姿态万千,使人如临仙境。啊,壮观的极光! 它时而如金戈铁马奔涌而来,时而似落花流水悄然逝去,变幻无穷。怪不得有人惊叹:极光,你怎么可以这样美!

关于这神秘的极光,有着许多传说:古人认为这是"美丽少女逝世后绚丽的灵魂",或是"鱼群畅游于北冰洋时,鱼鳞反射皎洁月光而成"。伽利略则赐予这种神奇的自然现象一个美丽的名字,以黎明女神的名字"Aurora"(欧若拉)为它命名。

图 1-5　灿烂、奇幻美妙的极光(组图)

2000 多年以前，人们就已经注意到极光了。尽管自古以来人们就注意到这种奇异现象，却并不能解释它。首先欲破解极光之谜的，是俄国著名的科学家罗蒙诺索夫（图 1-6），他的幼年和少年时代是在俄国的白海海滨度过的。那里经常有极光出现。他从少年时代就对夜空中的此种奇妙景象感兴趣，他把有些极光的形状画下来，并把有关极光的现象记录下来。1753 年他在《谈谈由于电力而产生的空气现象》论文中指出，极光是

图 1-6 罗蒙诺索夫画像

由于电的作用而产生的。罗蒙诺索夫的学识渊博程度是惊人的，他是俄国历史上一位伟大而卓越的科学家。他在物理学、天文学、化学、哲学、文学等方面都有建树，正像别林斯基赞誉的那样：他"仿佛北极光一样在北冰洋岸发出光辉，光耀夺目，异常美丽"。

现在从物理学的观点来看，极光是怎样产生的呢？现代的科学理论认为，极光同太阳活动、地球磁场及高空空气密度有关。大家知道，太阳不断地进行核反应，有大量的带电粒子进入宇宙空间，这些粒子以极高的速度向地球飞来，形成所谓的"太阳风"。在地球磁力的作用下这些粒子集中在南北极附近，使大气激发①和电离②，形成稀薄的等离子体，并辐射出明亮的辉光，这就是极光。原来，这美丽的景色是太阳与地球大气层的合作演出。也就是说，极光是高空大气中的一种扰动现象，是由地球周围的大气大规模放电造成的，是一种等离子体。

下面再看看另一种等离子体现象——壮观的闪电（图 1-7）。电闪雷鸣是一种常见的自然现象。远古时期，人们并不知道雷电的起因，以为是雷公电母施的法术。人类为了弄清雷电的本质经历了漫长的历史。关于雷电的成因早在200 多年前就有人探索过。1746 年，科学家制造了世界上第一批莱顿瓶③（图 1-8），采用这种仪器研究火花放电和充放电现象。通过对空气火花放电的

---

① 激发：这里指气体分子吸收一定的能量后，电子被提高到较高能级，但尚未电离的状态。

② 电离：当物质被加热到足够高的温度或由于其他原因，原子中的外层电子摆脱原子核的束缚成为自由电子，电子离开原子核，这个过程就叫作"电离"。

③ 莱顿瓶：就是最初的电容器，它是一个玻璃瓶，瓶里瓶外分别贴有锡箔，瓶里的锡箔通过金属链跟金属棒连接，棒的上端是一个金属球。由于它是在莱顿城被发明的，所以叫作莱顿瓶。

图 1-7 划破夜幕的闪电

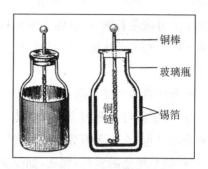

图 1-8 莱顿瓶

研究,许多学者注意到这种现象同雷电有相似之处。美国的富兰克林(图1-9)和俄国的罗蒙诺索夫两人几乎同时用实验证明雷电是大气中正负电荷强烈放电的现象。他们把风筝送上高空,云中的电荷沿着潮湿的棉线进入室内,棉线同莱顿瓶相连。当雷电来临之前,就发现莱顿瓶产生火花放电,从而证明雷电是一种空间放电现象。20世纪科学家对雷电又有了新的认识:闪电是等离子体,是物质存在的第四种状态。

图 1-9 富兰克林像

图 1-10 华丽的霓虹灯

花开两朵,各表一枝。下面谈一谈人造等离子体。日常生活中看到的日光灯和霓虹灯(图1-10)里就有人造等离子体。

当夜幕降临的时候,人们沿着城市的街道散步,就可欣赏到迷人的霓虹灯广告。在大商店的橱窗里,在高楼大厦的上面,一幅幅霓虹灯图案发出艳丽的光彩,像神奇的画笔勾画出美丽的画卷。

霓虹灯为什么会发出如此绚丽的光辉呢?因为霓虹灯里的气体是等离子体,霓虹灯实际上是一种冷阴极放电管。霓虹灯是这样做成的:将玻璃管弯成一

5

定形状,抽掉管内的空气,再充入少量的特殊气体,然后在玻璃管两端封上电极,接上 1 万伏左右的电压(电流极小),管内气体在很强的电场下产生电离,形成等离子体。等离子体能发出不同颜色的光,经过巧妙的设计,就能形成一幅美丽的图案。

有的看客可能会问:霓虹灯为什么会发出五颜六色的光呢? 让我来告诉你。原来,在霓虹灯灯管内充入的气体不同,发的光颜色就不同。如充入氖气,就发鲜艳的红色;充入水银蒸气,则发悦目的绿色;充入氩气,则显迷人的紫色;充入氦气,就显艳丽的黄色;那么,如果充入氢气呢? 就会发出暗红色的光。

二、我的家族

我们等离子体家族是很庞大的,我的兄弟姐妹可真不少,就像《小草》那首歌所唱的:"从不寂寞,从不烦恼,你看我的伙伴遍及天涯海角。"等离子体家族成员彼此之间也有许多差别。所谓"物以类聚,人以群分",这些差别使等离子体形成多种分类方法。

1. 按等离子体的温度分类

等离子体按照温度差别,可分为高温等离子体和低温等离子体。

高温等离子体是指粒子温度在 $10^6 \sim 10^8$ K 的等离子体,这类等离子体的产生需要很高的能量,并且具有高的电离度。如太阳核聚变和激光核聚变等产生的等离子体均属于高温等离子体。

低温等离子体是指粒子温度从室温到 3×10^4 K 左右的等离子体。低温等离子体按重粒子温度水平又可分为热等离子体和冷等离子体。

(1) 热等离子体是指低温等离子体中重粒子温度在 $3 \times 10^3 \sim 3 \times 10^4$ K 的等离子体,其电子温度接近重粒子温度,达到热力学平衡①或局部热力学平衡状态,可以认为具有统一的热力学温度,这类等离子体被称为热等离子体。在材料加工领域广泛应用的电弧等离子体、高频等离子体等均属于热等离子体。

---

① 系统各部分的宏观性质(如系统的温度、压力、体积、密度等)长时间不随时间而改变,则称该系统处于热力学平衡状态。

（2）冷等离子体是指低温等离子体中重粒子温度较低的等离子体。其等离子体的重粒子温度只有室温左右，而电子温度可达上万开(K)。冷等离子体内带电粒子没有通过充分的能量交换达到平衡，远离热力学平衡状态或局部热力学平衡状态。如在照明上用的辉光放电产生的等离子体就属于冷等离子体。

等离子体的分类如图 1-11 所示，可以一目了然。

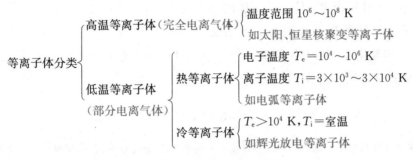

图 1-11　等离子体分类

2. 按电离程度分类

等离子体按气体电离的程度分类，可分成完全电离气体、部分电离气体、弱电离气体等。完全电离气体中，几乎所有分子(或原子)都电离成电子和离子。部分电离气体中，部分分子(或原子)电离成电子和离子，其他为中性分子，实际上 1% 的电离度就可使等离子体的电导率接近完全电离时的电导率。弱电离气体中只有少量分子(或原子)电离。

3. 按粒子密度分类

等离子体按粒子密度分类，可分成致密等离子体和稀薄等离子体。

当粒子密度数大于每立方厘米 10^{18} 个时，等离子体可称为致密等离子体或高压等离子体。由于粒子密度很高，这时粒子间的碰撞对能量的传递起主要作用。例如，压强在 0.1 个标准大气压以上的电弧，均可看作致密等离子体。

当粒子密度数小于每立方厘米 10^{12} 个时，粒子间碰撞基本不起作用，粒子间能量无法通过碰撞充分交换，这时等离子体可称为稀薄等离子体或低压等离子体。例如，辉光放电就属于此类型。

4. 按产生途径分类

等离子体按产生途径分类,可分为自然等离子体和人工等离子体两大类。

5. 按所用气体的化学性质分类

等离子体按产生时应用的气体的化学性质分类,可分为不活泼气体等离子体和活泼气体等离子体两类。不活泼气体如氩气(Ar)、氮气(N_2)、氟化氮(NF_3)、四氟化碳(CF_4)等,活泼气体如氧气(O_2)、氢气(H_2)等。活泼气体的等离子体具有更强的化学反应活性。

***6. 再深一点讲,在学术界又有如下的分类**

等离子体按粒子动能(也即温度)和粒子密度分类,可分为经典、量子和相对论等离子体。

如果等离子体温度很高,以至于粒子热运动速度达到 $0.3c$(c 为光速)或以上,这时相对论效应开始变得显著,那么这样的等离子体就称作相对论等离子体。

如果等离子体中粒子密度与固体的密度相当时,粒子间平均距离会降到接近于或小于电子的德布罗意波长(10^{-12}m 以下),这时就会显示量子效应,所以这样的等离子体就称作量子等离子体。

等离子体除量子的和相对论性的之外,都称为经典等离子体。经典等离子体又分为理想的和非理想的,这些就不多说了,有兴趣的读者,请去看专著。本书大部分的讨论都是针对经典等离子体的。

三、我的特点

作为物质第四态的我,与常说的物质的三态不同。固态、液态、气态都是由分子或原子组成,而等离子体则由电子和离子组成。因此,等离子体有着许多独特的物理、化学性质。

1. 温度高,粒子动能大。

2. 受电场、磁场的影响及控制,因而可以利用电磁场、温度等控制等离子体的物理化学过程。

3. 由于正负带电粒子同时存在,从宏观上看等离子体是电中性的(一般情况下是准电中性的)。由于有多种粒子,等离子体现象是多样化,复杂化的。粒子之间有明显的电磁作用力,表现出集体行为。

4. 作为带电粒子的集合体,具有类似金属的导电性能。

5. 具有化学活性,容易发生化学反应。

6. 具有发光特性,可以用作光源。例如,夜晚街头绚丽多彩的霓虹灯和利用钠、水银等放电发光的照明灯,都是我们经常见到的等离子体发光现象的应用。

我的这些特性已被各行各业用来为人类做贡献。

至于等离子体的特点,还可举出一些,在以后各章里会陆续看到,这里就不多叙了。

四、我的生成

我是怎么生成的? 或者说等离子体是怎样产生的呢? 各位看客先不要急,让我娓娓道来。

产生等离子体的方法和途径是多种多样的,其中宇宙天体、星际空间和地球高空电离层都能自然产生等离子体,这里姑且不论。下面主要叙述人工产生等离子体。

怎样才能人工产生等离子体呢? 原则上,只要提供足够的能量使气体的分子、原子产生电离即可(图 1 - 12),而且并不需要使所有的分子、原子都电离成电子、离子。从外界获取的能量可以是:电能(放电)、核能(裂变、聚变)、热能(火焰,即剧烈的氧化还原反应)、机械能(振动波)、辐射能(电磁辐射、高能粒子辐射)等。

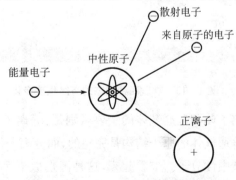

图 1 - 12　电离示意图

人为产生等离子体最为方便的方法，也是较早应用的方法，就是放电电离。人工产生等离子体并不是一件很难的事。一般气体放电，很少有气体分子百分之百电离的情况。实验上只要有1%的气体分子（或原子）电离，就可达到等离子体状态。

这里，关于电离可能需要说几句。众所周知，物质由分子、原子、离子构成，分子由原子构成，原子由带正电的原子核和围绕它的带负电的电子构成。在一定的条件下，物质形成各种聚集态。在日常生活里，大家司空见惯的是：给冰加热冰会融化成水；给水加热水又会汽化，成为水蒸气；再给水蒸气加热，它的温度就会不断升高。温度越高，分子的热运动越剧烈，当温度足够高的时候，构成分子的原子获得了很大的动能，分子也会破裂，构成分子的原子分离。当物质被加热到足够高的温度时或由于其他原因，原子中的外层电子会摆脱原子核的束缚成为自由电子，就像下课后的学生跑到操场上随意玩耍一样。电子离开原子核，这个过程就叫作"电离"。这时，物质就变成了电子和离子的混合物，当然也可能包含中性粒子。在高度电离的气体中，正电荷和负电荷的总数相等，整个气体宏观上呈近似电中性状态，这种状态叫作等离子态，或者叫作等离子体，这就是我。（图1-13）

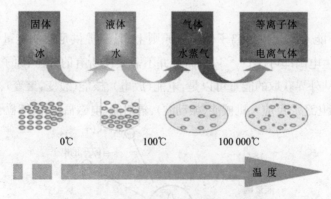

图1-13 物质四种状态的有序程度变化

由此可见，等离子体和普通气体的主要区别是：等离子体是导电的，而普通气体是不导电的；普通气体的原子结构是完整的，而等离子体中电子与原子核是分离的，并可能掺杂中性分子。乍看起来，这种区别似乎无关紧要，但且慢下结论，关系大得很呢！各位看客，往下看本书，便会知晓。

有人可能会问,这么说等离子体就是电离气体了?倒也不尽然,从更广泛的意义上讲,有些固体、液体也呈现等离子体特征。固态金属中晶格上的正离子和运动的自由电子构成固态等离子体,半导体中电子和空穴也构成固态等离子体。电解质溶液(如食盐水溶液)内部有数目相等的运动着的钠离子(带正电)和氯离子(带负电),也能导电,所以这种溶液也应属于等离子体范畴。鉴于此,可以给等离子体下一个广义的定义:凡包含足够多的电荷数目近于相等的正、负带电粒子的物质聚集状态,都称为等离子体。

下面再回到我们的主题,继续谈等离子体的产生。

若要人工获得等离子体,可以用不同的方法产生电离,其中最重要的有:放电电离、热致电离、辐射电离、压力电离。虽然生成等离子体的具体手段和方法多种多样,但气体放电法是最为简单有效的。

1. 气体放电法

通常把在电场作用下气体被击穿而导电的物理现象叫作气体放电,如此产生的电离气体叫作放电等离子体。

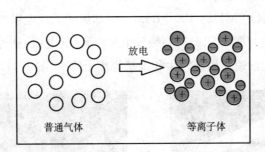

图 1-14 气体放电生成等离子体示意图

按所加电场的频率不同,气体放电可分为直流放电、低频放电、高频放电、微波放电等多种类型。

(1) 直流放电(DC)。直流放电中,电极上所加电压的极性不随时间变化,正电位一侧称为阳极,负电位一侧称为阴极。按阴极结构不同,直流放电可分为热阴极放电、冷阴极放电、空心阴极放电。霓虹灯即一种冷阴极放电管。直流放电的各种阴极如图 1-15 所示。直流放电因其简单易行,故一直在使用。

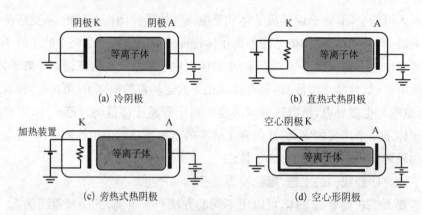

图 1-15　直流放电的各种阴极示意图

（2）低频放电（50 Hz～500 kHz）。低频放电是指放电电源交变频率在兆赫兹以下的气体放电形式,气体放电的外观与直流放电一样,只是放电电流方向发生周期性改变。例如,在两个电极上供给 100 Hz 以下的高压,每个半周期就是一次瞬间的 DC 放电。维持这样的每个半周期改变极性能再次激发放电。

低频放电在材料表面改性中已被广泛应用。

（3）高频放电（10 MHz～100 MHz）。因这属于无线电频率范围,故又称为射频放电（RF 放电）（图 1-16）。高频放电是由天线（电极）从外部得到功率,通过电磁场对电子的加速作用来产生和维持等离子体的（图 1-17）。

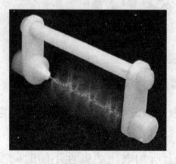

图 1-16 单电极射频放电

图 1-17　射频低温等离子喷枪

（4）微波放电（MW）。微波炉是大家熟悉的家用电器,它使用微波能量加热食品,同样,微波放电是将微波能量转换为气体分子的内能,使之激发、电离以产生等离子体的一种气体放电形式（图 1-18）。常用微波频率为 935 MHz 和

2 450 MHz,用后者居多。微波放电可在较宽的频率和压力范围内操作,这种等离子体的产生方法甚至可以在常压下进行,而且是无极放电。近年来,微波放电已经发展成为气体放电物理和技术研究中的新兴领域,并得到广泛的应用(图1-19)。

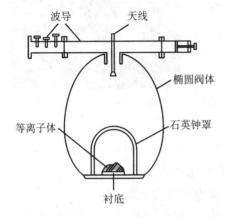

图1-18 微波等离子体反应器示意图

图1-19 微波等离子体用于制氢

高频放电及微波放电的装置原理示意图如图1-20所示。

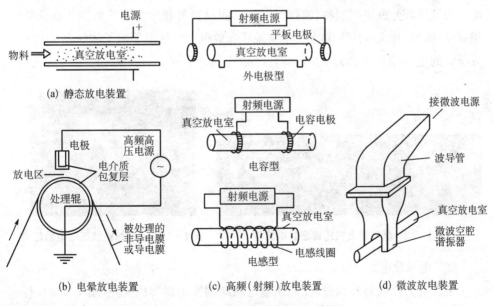

图1-20 几种放电装置原理示意图

气体放电的方法还可分为辉光放电、电晕放电、介质阻挡放电、电弧放电等。

（1）辉光放电。

辉光放电属于低气压放电，工作压强一般都低于 1 000 Pa，在封闭的容器内，在阴极和阳极间加上 100～1 000 V 的直流电压，容器中的游离电子在电场作用下加速，而与中性气体碰撞电离形成等离子体（图 1 - 21）。电源可以是直流电源，也可以是交流电源。常用的荧光灯的发光即辉光放电。

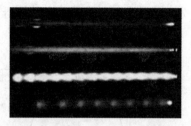

图 1 - 21　辉光放电实例

辉光放电是等离子体化学实验的重要工具。但是，低气压辉光放电运行需要抽真空，设备投资大，操作复杂，不适于工业化连续生产，限制了它的广泛应用。显然，最适合于工业生产的是大气压下放电产生的等离子体。

20 世纪末，国内许多单位，如科罗纳实验室、清华大学、中国科学院物理研究所等先后开始了对大气压下辉光放电的研究，并取得了一些进展，如氦、氖惰性气体基本实现了大气压下辉光放电，空气也已经实现了"准大气压辉光放电"。由于大气压辉光放电在织物、镀膜、环保、薄膜材料等技术里有广阔的工业化应用前景，所以，在大气压下和空气中实现辉光放电产生低温等离子体一直是国内外研究的重点（图 1 - 22）。

图 1 - 22　氮气的大气压辉光放电实例

图 1 - 23　高压输电线周围电晕放电

（2）电晕放电。

也许有人在夜间看到过，在高压输电线周围发出蓝紫色荧光（图 1 - 23），有时还会听到线路发出"咝咝"的放电声，嗅到臭氧的气味，这是由于输电线路表面的电场强度很高，引起空气电离而发生了放电现象，这就是电晕放电。

由此可见,电晕放电是指在大气压条件下,以空气为介质,由高电压、弱电流所引起的放电,产生的是一种低离子密度的低温等离子体。

为什么会出现电晕放电呢? 在曲率半径很小的尖端电极附近,局部电场强度超过气体的电离场强,使气体发生电离和激励,因而出现电晕放电。在中学里这叫"尖端放电"。

电晕放电有两个重要的用途:一是制取臭氧,电晕放电合成臭氧是目前世界上应用最多的臭氧制取技术;二是制作电晕处理机,经过电晕处理的物品,由于离子的冲击,形成人眼看不见的许多小麻坑,从而增强油墨及胶水的渗透力、附着力和粘合力,故这种处理机应用于塑料吹膜、塑料印刷等行业。

(3) 介质阻挡放电。

介质阻挡放电是有绝缘介质插入放电空间的一种气体放电,又称介质阻挡电晕放电或无声放电。在两个放电电极之间充满某种工作气体,并将其中一个或两个电极用绝缘介质覆盖,也可以将介质直接悬挂在放电空间或采用颗粒状的介质填充其中,当两电极间施加足够高的交流电压时,电极间的气体会被击穿而产生放电,即产生了介质阻挡放电。(图 1-24,图 1-25)

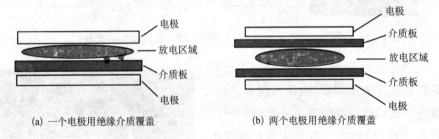

(a) 一个电极用绝缘介质覆盖　　　　(b) 两个电极用绝缘介质覆盖

图 1-24　介质阻挡放电示意图

图 1-25　双介质阻挡放电实例

介质阻挡放电有重要的工业应用:除了合成臭氧,还用于无汞荧光灯和等离子体显示板,也就是说,可制造等离子体电视。

(4) 电弧放电。

电弧放电是指呈现弧状白光并产生高温的气体放电现象。无论在稀薄气体、金属蒸气或大气中,当电源功率较大,能提供足够大的电流(几安到几十安)时,气体被击穿,发出强烈光辉,产生高温(几千到上万度),这种气体自持放电[①]的形式就是电弧放电。电弧放电是气体放电中最强烈的一种自持放电。

说起历史来,电弧放电的发现应归功于戴维(图1-26),就是那位英国化学家,法拉第的老师。大约1810年,戴维曾利用伏打电堆在两个水平碳电极之间产生很亮的白色火焰,因为热空气上升,冷空气从下方来补充,使碳电极之间的发光部分向上弯曲呈弧形,故命名为"电弧"(图1-27)。

图1-26 戴维

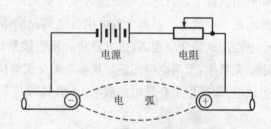

图1-27 电弧放电示意图

与辉光放电相反,电弧放电的主要特点是它的维持电压很低、电流密度高、发光亮度高。虽然在有些条件下它的电压可以达到几百伏,但通常只有几十伏。电弧的电流密度可从每平方厘米几安培直至1 000安培以上。根据电弧放电的高温特性,可以对难熔金属进行切割、焊接。利用电弧放电的发光特性,可以制造高亮度、高效的

图1-28 电弧放电实例

等离子体灯。所以研究电弧放电等离子体很有实际意义。(图1-28)

---

① 气体自持放电:在去掉外界激励因素后,仅由外施电压作用,放电仍可维持的一种气体放电。

此外,还有一种电弧放电称为滑动电弧放电,是在高速气流下产生的一种脉冲放电。

滑动电弧放电的原理如图1-29所示。在两电极上施加高压使电极间流动的气体在电极最窄处被击穿,一旦发生击穿,电源就以中等电压提供足以产生强力电弧的大电流,电弧在电极的半椭圆形表面上膨胀,不断伸长直到不能维持为止。一个电弧熄灭后重新起弧,周而复始,看起来滑动电弧放电等离子体就像火焰一般。滑动电弧放电产生的低温等离子体为脉冲喷射。(图1-30)

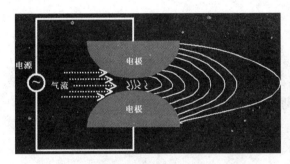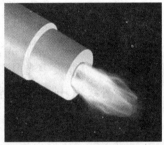

图1-29　滑动电弧放电的原理　　　图1-30　滑动电弧放电实例

前面关于气体放电法说了这么多,下面简单介绍另外几种产生电离的方法。

2. 热电离法

借加热来使物质发生状态变化是人们所熟悉的。热电离法实质上就是借热运动动能足够大的原子、分子间的碰撞引起电离的(图1-31)。

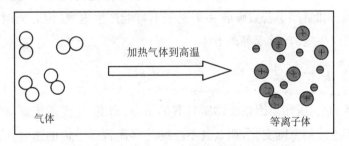

图1-31　热致电离生成等离子体示意图

例如高温燃烧法是人们早就知道的一种热致电离法,由此产生的等离子体叫火焰等离子体。但单纯燃烧的火焰所能达到的温度是有限的,因此往往不能满足实际应用的需要。

电弧放电是采取技术手段实现高温热电离的重要方法之一。它是借弧电流加热来使中性粒子产生碰撞电离的。

有的看客会问:要形成等离子体还有别的办法吗? 回答是肯定的:把气体从常态激励到等离子态,除了加热使其热电离以外,还可以利用光。且听下文分解。

3. 光电离法

光电离是借光子能量产生等离子体的。当入射光子能量大于某种原子或分子的电离能时,就能发生光电离。地球外围空间有个电离层(图 1 - 32),那就是由太阳的紫外线辐射使高空稀薄气体电离而形成的。

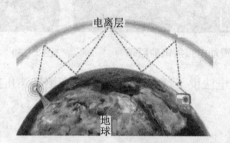

图 1 - 32　电离层示意图

激光辐射电离属于光电离法,激光辐射法利用激光的能量促使物质的原子或分子电离。如氩原子若只吸收一个光子不可能产生电离,但若同时吸收了 9 个光子则可产生电离,形成等离子体。

4. 激波法

在流体的某处,如果因该流体所具有的压力、密度、速度或流速等物理量之一发生了不连续的急剧变化,那么其不连续的界面将以一定的速度在流体中移动,这种现象就是激波,又称冲击波。例如,当飞机在空中做超音速飞行时,在机头或突出部分处,也会像水中前进的快艇一样出现一种楔形或锥形波,这就是激波。在激波面上声学能量高度集中,这些能量传到人们耳朵里时,会让人感受到短暂而极其强烈的爆炸声,称为音爆。图1-33所示为近距实拍战机音爆瞬间。

图 1-33　近距实拍战机音爆瞬间（图片来自互联网）

当冲击波在试样气体中通过时,试样气体因受绝热压缩而产生高温,从而在冲击波背后形成热致电离等离子体。这种等离子体称为激波等离子体,这种方法属于压力电离。

5. 射线辐照法

利用各种射线或粒子束辐照使气体电离也能产生等离子体。射线辐照法有以下几种。

(1) 利用放射性同位素发出的 α、β、γ 射线,α 射线引起的气体电离相当于高速正离子的碰撞电离。β 射线是一束高能电子流,它所引起的电离相当于高速电子的碰撞电离。

(2) 利用 X 射线,X 射线也能像 γ 射线一样引起均匀电离,但难以获得高密度的等离子体。

(3) 利用带电粒子束经加速器加速,形成电子束或离子束,再与中性粒子碰撞使其电离。这种方法可以对离子束的加速能量、强度、脉冲特性加以控制,因此比上述几种射线要优越得多。实际工作中尤以利用电子束的情况居多。

最后,将等离子体的生成做个小结,如图 1-34 所示。

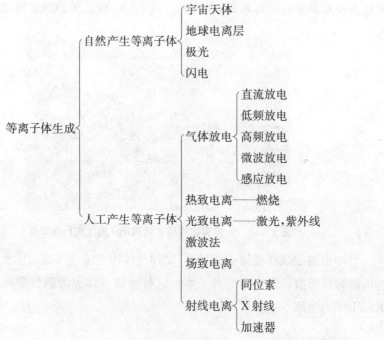

图 1-34 等离子体的生成

列位看客,为了给大家以实体的感受,下面展示几种等离子体发生器的商用产品,如图 1-35～图 1-38 所示。

图 1-35 低温等离子体臭氧发生器

图 1-36 等离子体数控切割机

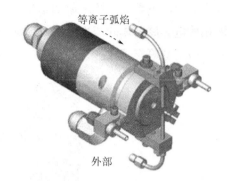

图 1-37　常压等离子体表面处理机　　图 1-38　集约式等离子体发生器

列位看客：以上所讲的是普通等离子体，是早些年研究并付诸应用的一般等离子体。近年来一些新的等离子体研究领域迅速成长起来，它们是十分活跃的等离子体分支研究领域，并且还有许多新概念被提出，诸如液相等离子体、微等离子体、尘埃等离子体，等等。它们激起人们的研究兴趣，成为科技的前沿，热门的课题。下面略作介绍，以开阔看客的眼界，拓展大家的思路。

五、液相等离子体

上面讲的都是在气体中产生等离子体，下面谈谈在液体中产生等离子体。

直到现在，人们习惯上所说的等离子体都是在气体中产生的，其应用已经扩展到了很多领域。液相等离子体是近十几年发展起来的一个新概念，冠以"液相"两字，主要是为了与气相等离子体加以区别；其含义是在液相中放电产生的等离子体，而不是等离子体本身是液态，产生的等离子体性质与气相放电产生的等离子体相近。由于液相多数发生于水溶液中，故也有专家称之为"水中放电等离子体"或"液电效应"等。在气体中和在液体中产生等离子体的最大差别在于：气体是电绝缘性的，而液体特别是水溶液是导电体，含有大量的导电离子，所以液体中发生等离子体比气体中更为困难。

液相等离子体放电的研究起始于水中的瞬间放电现象，瞬间放电能在水中形成等离子体通道，而放电通道内的等离子体具有很高的能量，可产生高温、冲击波和很强的紫外线辐射。

　　液相放电等离子体现象如图 1-39 所示（此图引自：孙冰等人的论文《微波液相放电等离子体的产生方法及形成机理》），图中可见液相放电产生的气泡以及电极上的等离子体。

图 1-39　微波液相放电等离子体

　　无论是在气相还是液相中，等离子体发生最有效的方法是电气放电。由于液体中成分更为复杂，直接的直流电压加到放在液体中的电极上产生的主要是电解效应。等离子体电解即液相等离子体放电的一种。

　　近十几年来，液相等离子体的应用研究已成为各国科学家研究的热点。

六、微等离子体

　　列位看客，前面我们说过，等离子体家族是很庞大的，大到恒星天体，小到微米毫米。你们可曾听到过"微等离子体"？这里，给诸位简单介绍一下微等离子体。

　　微等离子体是被限制在微米到毫米尺度范围内的等离子体，但由于放电尺寸缩小到毫米量级甚至更低，使得微放电等离子体通常能够运行在大气压条件下。它不但具有常规等离子体的一些特性，还具有自身的一些独特性质，例如，具有低功耗、高密度、高稳定性等特性。微等离子体是近年国际上低温等离子体研究的热点课题。

　　根据产生微等离子体的放电方法不同，可将微等离子体分成以下几类：

1. 微空心阴极微等离子体

微空心阴极采用细圆筒空心电极为阴极,空心阴极的孔径尺寸为亚毫米量级,该结构也称"微腔放电"或"微结构电极放电",微结构电极放电装置如图1-40所示,它由两块金属薄片(铜、镍、铂、钨等)和夹在金属薄片之间的绝缘体(云母、陶瓷等)组成,一个直径从几十微米到几百微米不等的孔贯穿金属和绝缘体。当把直流或交流电流接入系统时,两金属薄片电极之间会产生微等离子体。

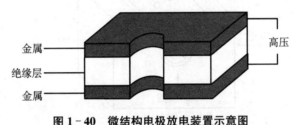

图 1-40 微结构电极放电装置示意图

2. 容性耦合微等离子体

容性耦合微等离子体放电,是通过匹配器以及隔直电容将 13.56 MHz 的射频功率施加到两块平行平板电极上,使石英板中宽度为 $200\sim500\ \mu m$ 的矩形沟槽内的氦气放电,形成等离子体,如图 1-41 所示。

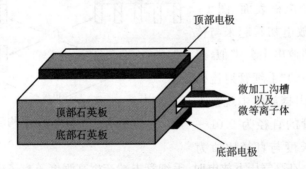

图 1-41 容性耦合微等离子体放电结构

3. 感应耦合微等离子体

感应耦合微等离子体放电是将射频电流经由匹配电路传输给感应线圈,线圈通过感应形成感应电场,从而激发并维持等离子体(图1-42)。

感应耦合微等离子体系统是无电极放电,可以长时间操作而不发生任何损耗,但该系统通常需要运行在低气压的环境下(即需要真空系统),因而限制了其应用。

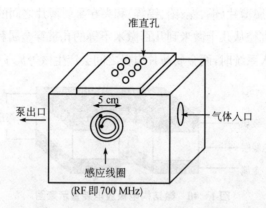

图1-42 感应耦合微等离子体系统

4. 毛细管微等离子体

毛细管放电结构是将电介质毛细管覆盖在一个电极表面或同时覆盖在两个电极表面(图1-43)。毛细管放电初看起来与传统的介质阻挡放电十分类似,但毛细管放电中的"毛细管射流模式"是在介质阻挡放电中观察不到的。毛细管的直径为 0.01～1 mm 不等,长度与直径比值为

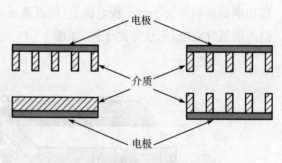

图1-43 毛细管放电结构示意图

10:1～1:1。在高气压下放电时,毛细管末端产生高强度等离子体射流[1],形成微等离子体。

频率对毛细管放电有着很大的影响,当频率达到某一特定值时,会有很明亮

---

① 当流体由喷嘴喷射到一个足够大的空间时,喷射成束的流体流动,称为射流。

的等离子体射流从毛细管末端射出。毛细管放电的均匀性很好。

5. 微波诱导微等离子体

这种微等离子体发生器由一块介质板、一根带状电极、一块接地平板电极，以及产生等离子体的放电间隙组成，如图 1 - 44 所示。放电间距一般为 0.2～ 0.5 mm。将 2.45 GHz 的微波通过一根同轴电缆导入发生器，以产生微等离子体放电。

关于微等离子体的种类我们就谈这些吧！

有的看客会问：前面谈到微等离子体是近年国际上低温等离子体研究的热点，那么微等离子体何以受到如此广泛的关注呢？因为微等离子体的

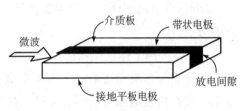

图 1 - 44　微波带结构示意图

体积小，且无需常规等离子体使用的真空系统，所以它具有如下的优势：

① 微等离子体能耗低、气体损耗小、制造费用低廉。

② 运行在大气压条件下的微等离子体装置轻巧、经济、便携。

③ 与常规等离子体相比，微等离子体有更高的等离子体密度和更好的稳定性。

正是由于微等离子体的上述优势，所以微等离子体在不同的领域和环境中得以广泛应用，并具有潜在的应用价值和前景。例如，紫外光源的获得、微化学分析系统、生物医学、材料表面改性和加工、环境污染物的处理等。

（1）微等离子体阵列器件。

微腔放电微等离子体的一个典型应用是等离子体平板显示（包括前面所讲的等离子体电视）。等离子体显示器，是继 CRT（阴极射线管）、LCD（液晶显示器）后的新一代显示器，其特点是厚度薄，分辨率高。显示屏上排列有上千个密封的小低压气体室，气体室中一般充的是氙气和氖气的混合工作气体，在交流电场的作用下产生微放电。激发态的氙原子由于自发辐射产生很强的紫外线，这种紫外线照射到荧光体上，发出三原色光，并透过前面的玻璃板射出，形成画面。

尽管等离子体平板显示已经投入实用当中，但是现在它们的发光效率较低，只有 2 流明/瓦。而微等离子体阵列器件的发光效率可达 7.2 流明/瓦，并且发光强度最高可达到 800 尼特。

近来，有人成功研制了微等离子体三极管。微等离子体三极管是在微等离子体基础上加一个控制电极制作而成的，它不但具有微等离子体的特性，而且还具有三极管的特性。微等离子体三极管在高清、高亮度、高分辨率的等离子体平板显示中又开辟了一种全新的技术领域。微等离子体三极管的问世，无疑为未来高清等离子体电视奠定了基础。可以预见在不久的将来，它还将被广泛应用于光电探测、生物光电等领域。

同时，微等离子体三极管也提供了一种不使用外加探针来测量鞘层电子密度的方法。

（2）微等离子体在生物医学领域中的应用日益彰显。

为防止与血液相接触的生物医用聚乙烯管（PE 管）内壁产生血栓或栓塞，过去往往在内表面通过单体等离子体接枝聚合改性，并涂覆一层表面活性剂，以降低血小板和纤维蛋白原在内壁上的凝结，常规等离子体改性会导致内表面改性得不均匀和活性剂固化得不彻底。为了有效解决这个问题，有人设计了一种微等离子体放电装置，与常规的等离子体表面改性技术相比，该装置具备价格低廉、PE 管内的等离子体均匀和等离子体长度较长等特点。

此外，近年来微等离子体射频技术在临床上用于痤疮瘢痕、外伤后瘢痕的治疗，能显著改善瘢痕的色泽、质地和凹陷程度，不良反应也少。事实证明微等离子体射频技术治疗瘢痕是一种疗效较好、治疗过程安全的新方法，这对欲整形美容的人们来说可谓福音。

（3）微等离子体在微电子工业中的应用愈见其优越性。

微电子工业中的薄膜沉积、基片刻蚀和等离子体表面处理离不开真空环境，而最近发展起来的微等离子体则避免了昂贵的真空获得系统和漫长的抽气时间，可以在大气压环境条件下进行等离子体表面处理。

有人设计了一种小型的感应耦合等离子体射流源，可以在很小的空间范围内产生高温高密度等离子体，可对硅基片以极高速率定向刻蚀，而且直径仅为 $400~\mu m$。

关于微等离子体的应用暂且就谈这些。相信随着微等离子体源的进一步发展，更多新的应用必将不断涌现。

七、尘埃等离子体

列位看客:乍一听到"尘埃等离子体"这个词有点奇怪吧! 难道等离子体里面落了灰尘? 这多不好呀! 况且,提到尘埃就给人一种不好的感觉,容易让人联想到讨厌的沙尘暴,以及陈年老屋积下的灰尘。记得有一首唐诗《神秀偈》(唐·神秀作)这样写道:"身是菩提树,心如明镜台,时时勤拂拭,勿使惹尘埃。"可是我这里所讲的尘埃等离子体不是平常说的灰尘,而是新的专业名词,它有利有弊,且让我慢慢道来。

1. 尘埃等离子体是什么

首先应该弄清楚尘埃等离子体的定义,可是至今还没有一个统一而明确的说法。一般而言,尘埃等离子体是由大量电子、离子及带电尘埃颗粒组成的宏观电中性体系。它包含大量的弥散固态颗粒和电离的气体,形成三组分物质。这好比建筑上用的"三合土"。过去在没有水泥的地方,用三合土作建筑物的基础或路面垫层,三合土由石灰、黏土和细砂所组成。尘埃等离子体中的带电尘埃颗粒,就相当于细砂。尘埃等离子体中的尘埃通常为固体微粒,其材质可以是绝缘介质、金属或其他材料。

浸没在等离子体中的尘埃颗粒因为收集周围的电子和离子,而使得颗粒带负电,所带的电荷不是常数,是随等离子体参数的变化而变化的。我们知道等离子体的重要特征是其集体效应,等离子体中的尘埃颗粒则可能在很大程度上改变这种集体效应,因而也改变了原等离子体的一些性质。带电的尘埃颗粒与其他组分的相互作用,使尘埃等离子体呈现一些新的物理现象。

2. 尘埃等离子体的存在

有的看客会问:哪里有尘埃等离子体呢? 在回答这个问题之前,我们把尘埃等离子体的来龙去脉谈一谈。最早发现等离子体中存在带电尘埃颗粒的是朗缪尔,早在 1924 年,朗缪尔即发表了第一篇讨论实验室尘埃粒子的论文。1941 年斯皮策(Spitzer)对星际空间中的尘埃颗粒充电过程进行了研究。然而,在随后的几十年里对尘埃等离子体的研究一直处于停顿状态。直到 20 世纪 80 年代,有关尘埃等离子体的两个重大发现才重新引起了人们对尘埃等离子体的研究兴趣。

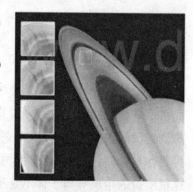

图 1-45　旅行者探测器拍到的土星环上的轮辐结构

首先是土星环上奇异轮辐结构的发现。20世纪80年代初，美国旅行者探测器在飞过土星环时，观察到土星的B环上存在一些奇异的轮辐结构(图1-45)。经过进一步的观察发现，轮辐结构实际上是由一些微小的尘埃颗粒构成的，且这些呈近似辐射状的轮辐结构并不是静止的。

其次是在应用等离子体中观察到尘埃的存在。半导体芯片加工领域的科学家为寻找芯片加工过程中的污染源，意外地发现了等离子体尘埃。

随后的研究发现，尘埃等离子体广泛存在于星际空间中的星际介质、行星环、彗星尾、地球电离层中，在地球上存在于等离子体的各类工业应用以及气体放电实验中。此外，在磁约束核聚变装置中也观察到了尘埃等离子体的存在。近年来，在微电子器件的等离子体加工中观察到了尘埃等离子体。人们早就猜想，在地球上方大气层中也存在尘埃等离子体。的确，因为人类的生产及生活，每天都会产生大量尘埃进入地球大气层，所以在地球轨道空间中必然形成一种等离子体与尘埃共存的状态——尘埃等离子体。尘埃颗粒周围的水分子会以这些尘埃颗粒为核，结成冰晶，从而造成夏季高纬度地区常见的夜光云现象。夜光云可以在入夜后发出各种颜色的光(图1-46)。

图 1-46　夜光云(图片来自《中国国家地理》)

3. 兴利避害——尘埃等离子体的应用

尘埃等离子体在许多领域都有着非常重要的应用,例如在磁控核聚变以及各种等离子体辅助加工工艺中,尤其是在等离子体辅助半导体芯片加工工艺过程中,大量的静电尘埃颗粒会浮于芯片上方,在放电(过程)结束时又会落在芯片表面从而对芯片造成污染。值得一提的是,近年来尘埃等离子体研究领域的兴起正是从微电子芯片加工业的除尘问题开始的。半导体芯片加工领域尘埃颗粒污染常常被认为是有害的,所以早期对颗粒的研究大多是设法限制颗粒的生成或将颗粒清除,以降低颗粒污染。

不过,研究发现除了上述的不利因素外,尘埃颗粒在某些情况下还是有用的。人们试图把尘埃颗粒作为工业应用中的原材料,所谓"变废为宝"。最近,出现了把超小粒子作为种子注入等离子体来制造新材料或器件的新方法。例如,纳米粒子可以形成新型纳米材料和电子器件。在光伏电池应用方面,非晶硅表面产生的纳米粒子发挥了很大的作用,它们加强了光线在进入太阳能电池后的散射,增加了光线在薄膜中的光程,提高了薄膜太阳能电池的光电转化效率,从而有效地改善了薄膜太阳能电池的使用寿命和生产效率。

此外,尘埃等离子体研究对电磁波的传输、再入飞行器通信以及工业制造业难题攻关提供实验和理论指导。这些我就不多说了。

第二章 我的伯乐
——谁发现了我

　　我等离子体存在很久很久了，也许从所谓"宇宙大爆炸"时期就有了我。在这漫长的时间里，人们为什么对我"视而不见，听而不闻"呢？那是因为我还没有遇见伯乐，也就是发现我的人还没出世。

　　"伯乐相马"的故事几乎尽人皆知吧！古代传说中，伯乐善于发现千里马，而我是一匹良"马"，却未能得到赏识和重用，需要有像伯乐这样的人来发现和举荐，我才能为人类做出贡献。

图 2-1　"伯乐相马"的故事

　　至于发现我的历史，说来话长了。

　　19 世纪 30 年代英国的 M. 法拉第以及其后的 J. J. 汤姆孙、J. S. E. 汤森德等人相继研究气体放电现象，这实际上是等离子体实验研究的开端。1879 年英国的 W. 克鲁克斯采用"物质第四态"这个名词来描述气体放电管中的电离气体。

美国的 I. 朗缪尔在 1928 年首先引入等离子体这个名词,等离子体物理学才正式问世。1929 年美国的 L. 汤克斯和朗缪尔指出了等离子体中电子密度的疏密波(即朗缪尔波)。另外,前苏联的朗道和伏拉索夫对等离子体物理也做出了杰出的贡献。

看来,我的伯乐还真不少,下面详细介绍。

一、气体放电的研究

1. 法拉第的研究

科学家对我的认识是与气体放电现象的研究联系在一起的。可以说,等离子体的发现与气体放电的研究有很深的历史渊源。

气体放电产生辉光引起了物理学家的兴趣。从 19 世纪初到 20 世纪初,人们对气体放电进行了大量的实验研究。鼎鼎大名的英国科学家法拉第,就曾对气体放电进行过研究。

19 世纪初,H. 戴维和法拉第在伦敦皇家研究院研究低气压电弧和直流放电管的工作状况,他们获得了许多发现。

1838 年,法拉第把两根黄铜棒焊到一根玻璃管内的两端作电极,抽去管内的空气,通电后发现从阳极发出一束光,阴极也发出微弱的辉光,在两极的光束之间总有一个暗区把它们分开(图 2-2)。后来,科学家把辉光放电中的这个暗区命名为法拉第暗区。在当时希腊学者的帮助下,法拉第选择了适当的术语为其发现命名。例如,用"运动的辉纹"描述辉光放电中光亮的条纹,这些名词术语一直沿用至今。此外,法拉第本人还确定了气体放电的几种形式(无声放电、辉光放电、火花放电)以及它们发生的条件。受当时技术水平的限制,真空度不

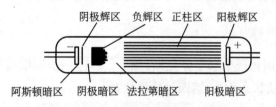

图 2-2 辉光放电中各部分的名称

够高,他无法得到更多的发现。但法拉第认为,对这些现象进一步研究,可以得到关于电的本质的认识。

法拉第(图2-3)可以说无人不知,无人不晓,他是19世纪英国伟大的实验物理学家、化学家。1791年9月23日,法拉第出生在英国纽因敦城一个普通的铁匠家庭,家里的生活相当艰苦。为了减轻家里的负担,法拉第在很小的时候就出去谋生。13岁时,法拉第到伦敦布兰埠街的一家书店当报童。书店老板见他踏实肯干,就教他学习装订。在书店里,他一有时间就抓紧学习,通过刻苦自学,法拉第获得了丰富的知识,那家书店成了他知识的启蒙者。

图2-3　M. 法拉第画像　　　　图2-4　H. 戴维画像

在书店里当了八年学徒之后,法拉第出于对科学的热爱,终于离开了那家书店,拜在英国皇家学会会长戴维(图2-4)的门下,做了戴维的助手。

法拉第一生做过无数次物理和化学实验,他最伟大的成就是在1831年发现了电磁感应定律,发明了发电机,把电磁力从实验室里解放出来,将人类带入了电器时代。

法拉第说:"像蜡烛为人照明那样,有一分热,发一分光,忠诚而踏实地为人类的伟大事业贡献自己的力量。"可见法拉第品德多么高尚。

2. 克鲁克斯的贡献

1879年,英国物理学家克鲁克斯(图2-5)进一步详细研究了气体放电现象,并把这种物质状态称为"第四种物质状态"。

图2-5　W.克鲁克斯

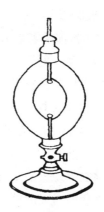

图2-6　电蛋简图

克鲁克斯(1832—1919)是英国卓有成就的化学家和物理学家,出身于富商家庭,1848年曾在皇家化学学院随 A. W. von 霍夫曼学习化学,后来做他的助手。1861年克鲁克斯在用分光镜检视一种含硒化合物的残渣时,发现一种新元素,他命名为铊,并探索了它的性质,1873年测定了它的原子量。1875年他发明了辐射计,称作克鲁克斯辐射计。后来他被气体放电无穷的奥妙所吸引,放弃经商从事科学研究。他设计了一种称为"电蛋"(electric egg)的仪器,如图2-6所示。这种仪器是由两个共轴的椭球组成的,两个椭球之间抽成真空,加上电压后可以观察气体放电的形状和颜色。他发现随着气压的降低,气体发出不同颜色的光,着火电压也随之下降。

对气体放电的研究引出了阴极射线的发现。阴极射线是低压气体放电过程中出现的一种奇特现象,早在1858年就由德国物理学家普吕克(Julius Plücker,1801—1868)在观察放电管中的放电现象时发现,当时他看到正对阴极的管壁发出绿色的荧光。

普吕克的学生希托夫于1869年做了这样的实验:在如图2-7所示的真空管里,阳极是一个十字形的叶片,由铝片做成。当接通电源放电时,阳极后面的玻璃壁上发出绿色的辉光,但上面有一个与阳极形状相同的影子。绿光是阴极射线轰击玻璃壁产生的荧光,阳极的影子投

图2-7　希托夫实验用的放电管

射在其后面的玻璃壁上。这充分说明射线是从阴极发射的,而且是直线运行的。

1876年德国物理学家哥尔德斯坦(Eugen Goldstein,1850—1930)用各种材料做成各种形状、大小的阴极进行实验,证实这种射线是从阴极表面垂直发出的,阴极射线的性质与材料无关。他把这种射线命名为"阴极射线",还把阴极射线看作"以太"①的某种振动。

1879年英国的克鲁克斯研制成一种高真空放电管(后来人们称之为克鲁克斯管),其真空度达到百万分之一个标准大气压,克鲁克斯用这种高真空度的玻璃管,进行气体放电现象的实验,取得了不寻常的效果:以前放电时的发光现象看不到了,却在阴极对面的玻璃管壁上看到了奇妙的黄绿色的光,而且还观测到阴极周围有暗区(现在称为克鲁克斯暗区)。克鲁克斯对实验进行认真分析和进一步的实验验证后,认为只有一种可能的解释:从阴极发射出了一种人们看不到的射线,即"阴极射线"。产生这种射线的玻璃管叫作"阴极射线管",也就是上面谈到的克鲁克斯管(图2-8)。

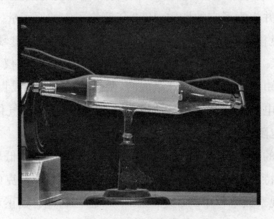

图 2-8 克鲁克斯管

克鲁克斯利用这种真空管做了许多实验后,表示支持关于阴极射线是带电微粒的观点。

对于"阴极射线",当时人们还不清楚这种神秘射线的本质,因而对它有不同

---

① 以太是古希腊哲学家亚里士多德所设想的一种物质,是物理学史上一种假想的物质观念。

的解释;对于气体放电时发生的各种现象,也没有统一的认识。当时克鲁克斯在观察了气体放电发生的奇异现象后,认为其中有一种新的物质存在状态,他称它为物质第四态。在1879年的不列颠科学进展协会的年会上,他做过这样的预言:

　　"令人惊奇的是,任何常压空气或气体(放电)中发现的现象,都把我们引入一个假设,即我们被带到物质第四态的面前……在研究这些物质第四态时,我们使那些微小的、不可见的粒子在我们的掌握之下。我们有很好的理由假设,正是这些粒子构成了宇宙的基础……

　　实际上,我们已经接触到已知和未知领域的边缘地带,在这个地带,物质和力可以彼此融合。它对于我们,永远有独特的诱惑。我斗胆地认为,未来最大的科学问题将在这个边缘地带找到它们的解答……"

　　　　　　　　　　　　　　——引自汪茂泉著《课余谈物质第四态》

　　这是一个非常有远见的预言,可以说克鲁克斯的预言是超时代的。克鲁克斯身兼物理和化学两个学科的研究工作,实在难能可贵。克鲁克斯的杰出成就使他获得了很多荣誉。例如,他获得了牛津、剑桥和伯明翰大学的名誉博士学位,被选为英国皇家学会会长,成为瑞士皇家学院院士、法国科学院通讯院士,他还曾获得英国皇家学会的奖章、科利普奖章、戴维奖章及其他许多奖章。

3. J. J. 汤姆孙的探索

　　正像许多科学现象的发现一样,在发现阴极射线的30年间,对它的本性存在激烈的争论,两派的观点似乎以欧洲的莱茵河为界:德国人赞成"以太"波动论,认为阴极射线是宇宙间存在一种静止的传播光和电磁波的媒质——"以太"——的波动;英国人和法国人主张带电微粒说,即认为阴极射线是粒子流。双方争执不下,谁也说服不了谁,为了找寻有利于自己观点的证据,双方都设计过各种各样的实验,用来研究、观察这种射线的行为。

图 2-9　J. J. 汤姆孙

对阴极射线的本性给出正确答案的是英国剑桥大学卡文迪什实验室的教授 J.J. 汤姆孙(图 2-9)，从 1886 年起，他对气体放电现象和阴极射线便开始了长期深入的研究，进行了具有划时代意义的探索工作。对阴极射线本性的波动说与微粒说进行的长期争论和不断研究，促成了 J.J. 汤姆孙在 19 世纪末发现了电子。

J.J. 汤姆孙(1856—1940)是英国著名的物理学家。1856 年 12 月 18 日生于英国曼彻斯特，他父亲原先靠摆书摊养家糊口，后经奋斗成了著名的书商。父亲从自己的经历中深知没有知识的苦衷，因此十分重视对子女的文化教育，特地请家庭教师指导子女的学业。因此，汤姆孙从小就打下了坚实的学习基础。汤姆孙从小学习就很认真，学业提高很快。他 14 岁便进入了曼彻斯特大学，毕业时获得了奖学金。

16 岁时，汤姆孙的父亲去世，家道中落，所幸他获得了在欧文斯学院继续学习的助学金。在那里，他受到一些著名科学家的熏陶，迈上科学研究的道路。20 岁时，他被保送进了剑桥大学三一学院深造，仍享有奖学金。在大学期间，他表现出色，1880 年，以第二名的优异成绩取得学位。大学毕业后他进入有名的卡文迪什实验室，在瑞利手下工作。27 岁时他被选为皇家物理学会会员。1884 年瑞利讲学五年任满，辞去卡文迪什教授的席位后，汤姆孙申请继任。结果，年仅 28 岁的他入选了，照他自己的说法："我觉得自己像是一个渔翁，偶然在一处不像会有鱼的水面上用轻便的钓竿垂钓，竟然钓着了一条大鱼，大得连钓竿都提不起来了。"1884 年，28 岁的汤姆孙担任了卡文迪什实验室物理学教授。汤姆孙担任卡文迪什实验室主任后，更新卡文迪什实验室的设备，建立了一套培养研究生的管理体制，树立了良好的学风，使卡文迪什实验室取得一个又一个的研究成果。他担任卡文迪什实验室主任长达 35 年之久，在他的领导下，卡文迪什实验室成为全世界现代物理研究中心。他的很多学生都成了著名的物理学家，如卢瑟福、威尔逊、斯特拉斯(瑞利勋爵之子)、巴拉克、理查德、阿斯顿、I. 泰勒和 P. 汤姆孙(他的儿子)等，都对科学的发展做出了重大贡献。

1897 年汤姆孙在研究稀薄气体放电的实验中，证明了电子的存在，测定了电子的荷质比，轰动了整个物理学界。1906 年他荣获诺贝尔物理学奖。1940 年 8 月 30 日汤姆孙逝世于剑桥，他的骨灰与牛顿、W. 汤姆孙(即开尔文勋爵)、达尔文一起葬于西敏寺中央。

现在，回过头来再谈谈汤姆孙的实验探索。汤姆孙设计出了一个高明的实验来弄清阴极射线的性质,首先汤姆孙证实阴极射线是带负电的粒子流。

1895 年法国物理学家佩兰(Jean Baptiste Perrrin,1870—1942)用如图 2-10 所示的实验装置进行实验,支持阴极射线的带电微粒说。射线从阴极 C 射出,经过小孔 H 进入阴极内的金属筒 F 下(法拉第圆筒①),再用静电计检测电量及其正负,实验证明是负电。

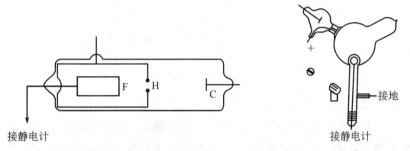

图 2-10 佩兰测阴极射线电荷的装置　　图 2-11 J. J. 汤姆孙测电荷的装置

汤姆孙将佩兰的实验做了一些改进,他把连到静电计的电荷接收器(法拉第圆筒)安装在真空管一侧,如图 2-11 所示,平时没有电荷进入接收器。用磁场使射线偏折,当磁场达到某一值时,接收器接收到的电荷猛增,说明电荷确实来自阴极射线。

然后汤姆孙使阴极射线受静电偏转。

汤姆孙重复了赫兹的静电场偏转实验,起初也得不到任何偏转。后来汤姆孙发现这是由于放电管内真空度不够高所致。于是在实验室工艺师帮助下他设法提高放电管的真空度,用图 2-12 所示的装置进行实验,获得了成功。

1897 年汤姆孙和他的学生用几种不同的方法测阴极射线的荷质比(电荷量与质量的比 e/m)。其中一种方法是利用静电场和磁场使阴极射线偏转。

1897 年初,汤姆孙设计了新的阴极射线管,他利用了当时最先进的真空技术,获得高真空,使阴极射线在电场中发生了稳定的电偏转,由偏转方向可知阴极射线是带负电的粒子。他在管外加上了一个与电场和射线速度方向都垂直的磁场(此磁场由管外线圈产生),当电场力与磁场产生的偏转力相等时,可使射线

① 法拉第圆筒:开有小口的薄壁金属容器,原是用来验证电荷只分布在导体的外表面上,导体内部没有静电荷这一物理现象的。它与静电计配合,可测电荷量。

不发生偏转，打到管壁中央，由此可较精确地测出粒子的速度 $v = E/B$（E 为电场，B 为磁场）。再根据阴极射线在电场下引起的荧光斑点的偏转半径，就可以推算出阴极射线粒子的荷质比 e/m。

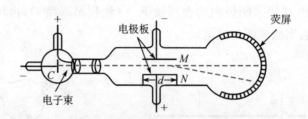

图 2－12　汤姆孙的静电偏转管

分析实验结果后，汤姆孙得出结论："阴极射线也是物质的粒子。"

汤姆孙在判断阴极射线的带电粒子的基本性质时，其实验方法颇有独到之处。他为了判断粒子荷质比的测量值是否受到管内残存气体的影响，就在管内分别充以各种气体来做实验，结论是没有影响。他为了判明阴极射线的粒子是否属于同一种粒子，就利用铅和铁等不同金属材料做电极，结果，测得的荷质比的数值都相同。他从管内气体、电极材料与阴极射线粒子的荷质比无关，断定这种粒子是所有物质都共同具有的带电物质粒子。他当时（1897 年）把它叫作"微粒"（corpuscle）；1897 年 8 月，汤姆孙把他的发现写成长篇论文《论阴极射线》；10 月论文发表在《哲学杂志》上。

1899 年，汤姆孙采用斯通尼（G. T. Stoney，1826—1911）的"电子"一词来表示他的载荷子，"电子"原是斯通尼于 1891 年在《自然界的物理单位》一文中提出的，用来表示电荷的最小单位。就这样汤姆孙发现了电子。

列位看客请看，在气体放电和阴极射线的研究方面，J. J. 汤姆孙的功劳是不是很大啊？

二、朗缪尔——"等离子体之父"

尽管我在自然界中存在了千万年，但真正给我起名叫"等离子体"的是美国化学家朗缪尔（I. Langmuir，1881—1957），这已是 1928 年的事了，让我把往事回忆回忆。

从上面我的那些伯乐的工作可见，在 19 世纪末到 20 世纪初，许多科学家都在争先恐后地研究气体放电,朗缪尔也不例外。朗缪尔把气体辉光放电中沿管壁的薄层暗区叫作"鞘",这相当于一个剑鞘,将整个辉光区装在鞘里。而朗缪尔对主体的亮区进行深入研究时,发现该区域电子和正离子的电荷密度相当,整个物质呈电中性。在 1928 年,朗缪尔发表论文,把这种物质称为"等离子体"。自此,等离子体相关的基础和应用研究才得以蓬勃发展。

关于朗缪尔命名"等离子体"的经过,朗缪尔的合作者唐克斯(Tonks)在 1967 年的著作中有如下一段生动的描述:

> 一天,朗缪尔进入我在通用电气研究所实验室的工作间,说:"喂,唐克斯,我正在琢磨一个词。在气体放电中,我们把紧靠管壁的或电极的区域叫作鞘,这是恰当的;但是,放电的主体部分,我们应当叫它什么呢?这个区域完全是电中性的,我不想创造一个词藻,但必须找一个词来描述这类区域,以与鞘相区分。你有什么建议吗?"我很小心地回答:"我愿意考虑一下,朗缪尔博士。"第二天,朗缪尔冲进来并宣布:"我知道叫它什么了!我们把它叫作'$\pi\lambda\alpha\sigma\mu\alpha$'(英文音译为 plasma,与英文血浆是一个词)!"血液中血浆的形象立刻浮现在我的脑海里,我以为朗缪尔是在谈血液。
>
> ——引自汪茂泉著《课余谈物质第四态》

唐克斯为什么把它与血液联系起来呢?或许这是由于两者发音恰好相同。希腊语的英文音译恰好与英文血浆的拼写方式相同,所以唐克斯误以为朗缪尔是在谈血液。

下面来介绍我的命名者——朗缪尔的生平。

朗缪尔(图 2-13 及图 2-14)是美国化学家、物理学家。1881 年 1 月 31 日生于纽约州布鲁克林,1903 年毕业于哥伦比亚大学的矿业学院,获冶金工程师称号。后来去德国哥廷根并在能斯特指导下从事物理化学的研究。1906 年获博士学位回国。1909—1950 年在纽约州通用电气公司的研究实验室工作,1932—1950 年任该室副主任。

朗缪尔在 20 世纪 20 年代曾研究不同物质之间的表面化学力,发展了许多实验技术。1916 年他提出单分子层吸附理论和"朗缪尔吸附等温方程",解释了许多表面动力学现象。朗缪尔因在表面化学方面的贡献而获 1932 年诺贝尔化学奖。

朗缪尔在很多学术领域做出重大贡献，特别是在高温低压化学反应、气体放电、等离子体和等离子体振荡、物质和蛋白质的原子分子结构、表面现象、渗透现象、航空学、大气现象、人工降雨的干冰布云法①等方面。1918—1927 年，朗缪尔相继发明了原子氢焊接吹管、高真空管和高真空水银灯，对光源和无线电技术的发展也做出了贡献。

他是早期研究等离子体的科学家之一，1928 年他首次提出"等离子体"这个词描述气体放电管里的物质。他引入了电子温度这个概念，发明了量度电子温度和密度的方法——朗缪尔探针法。他与阿尔芬（Hannes Olof Gosta Alfven，1908—1995）同是天体等离子体物理学的奠基人。

朗缪尔在科学上的重大贡献，使他获得了很多荣誉；除了获 1932 年诺贝尔化学奖，还获得尼克尔勋章、休斯勋章、儒佛勋章、法拉第奖章等几十项荣誉。在美国通用电气实验室共获 632 项专利，很多实验室以他的名字命名，这是无上的光荣。

图 2－13　I. 朗缪尔　　　　图 2－14　青年朗缪尔

列位看客，前面我述说了我的身世和发现我的伯乐，若要进一步认识和了解我等离子体，并且应用我为人类造福，还必须了解等离子体的基本性质，或者说要知道我等离子体的属性。欲知这些，且听下文分解。

———————————————

① 　干冰布云法：向云中撒播催化剂——干冰，使云滴或冰晶增大到一定程度，而后降落到地面，形成降水，这种人工降雨的方法就称为干冰布云法。

第三章　我的属性

——等离子体参量

列位看官:可能有人要问什么是等离子体参量。回答是:描述等离子体特征的一些物理量叫等离子体参量,它们能够表征等离子体的基本特征和状态。等离子体参量有独立参量和非独立参量之分。独立参量是最基本的参量,例如等离子体密度和温度,它们描述等离子体的基本状态,而且决定等离子体的其他参量。下面我逐一道来。

一、等离子体密度

等离子体密度是指单位体积内某种带电粒子的数目。组成等离子体的基本成分是电子、离子和中性粒子。通常,以 n_e 表示电子密度,n_i 表示离子密度,n_g 表示中性粒子密度。

单位体积中的电子数 n_e 和离子数 n_i 可以相等(如原子中只有一个电子脱离),也可以不等(原子中有两个电子脱离)。当 $n_e = n_i$ 时,可用 n 表示带电粒子的密度,称为等离子体密度。

因为密度是标志电离程度的量,电离度不同,等离子体的性质不同,那么,电离度如何定义呢?

气体的电离度表示气相中离化粒子的比例,因此,电离度 α 定义为

$$\alpha = \frac{n_e}{n_e + n_g}$$

对于低气压放电维持的等离子体,电离度的典型值为 $10^{-6} \sim 10^{-3}$。

二、等离子体温度

对于热平衡等离子体(高温等离子体),温度是各种粒子热运动的平均量度;对于非热平衡等离子体(低温等离子体),电子、离子温度不同,一般用 T_i 表示离子温度,T_e 表示电子温度。

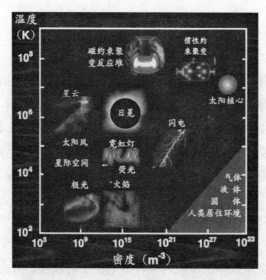

图 3 - 1 自然界和人工等离子体的电子密度与电子温度的分布

从图 3-1 可以看出,我们等离子体家族中有形形色色的成员,它们的秉性(参量)各不相同,相差悬殊。

提起电子温度,要消除一种流行的概念,即以为温度高则一定意味着大量的热。其实不然。譬如,在普通荧光灯中电子温度大约为 20 000 K(约 2 eV,eV 称作电子伏特)。有人摸一摸,并不觉得多么热,就感觉奇怪。原来,这里忽略了热容量。在荧光灯内的电子密度远低于大气压下的气体密度,电子的能量虽然大,但其数量少,质量也小,传给管壁的总热量非常小。因此,你摸到荧光灯管壁并不觉得很热。况且,温度是热平衡系统中的概念,荧光灯辉光放电中的等离子体属于低气压低温等离子体,其内并未达到热平衡。很多人都有这样的经验,红红的香烟灰落在手上并不一定会烫个大泡。虽然其温度高到足够引起燃烧,但包含的总热量是不大的。然而,一杯接近 100℃ 的热水,如果倒在手上就会烫起大泡。原因是:香烟灰的热量比一杯开水的热量小得多。以上事实告诉我们,不必为气体放电器件中具有上万开(开为温度的单位)的电子温度而感到惊奇。

三、德拜屏蔽

列位看官,上面我们介绍了温度和密度两个描述等离子体状态的基本参量,下面我们再介绍两个与等离子体电性有关的基本概念——德拜屏蔽和等离子体振荡,以及与它们相联系的两个重要的特征量——德拜半径和等离子体频率。不过,这些概念比较艰深,理解起来要费点脑筋了。

等离子体的电中性是在宏观平均意义上讲的,因为每个带电粒子附近都存在电场,该电场被周围的粒子场完全"屏蔽"[①]时,在一定的空间区域外呈现电中性,这种"屏蔽"称为德拜屏蔽。"屏蔽"粒子场所占的空间尺度称德拜长度 λ_D(或称德拜半径、德拜屏蔽长度)。以粒子为中心,以 λ_D 为半径的球称为德拜球,显然在 $r \leqslant \lambda_D$ 的微观尺度内,电中性不成立。

再解释得详细一点:

(1) 如图 3-2(a)所示,德拜球以正性粒子为中心,它将负性粒子吸引在周围。众所周知,等离子体带电粒子之间有库仑相互作用,库仑力是与距离平方成反比的。离中心越远,吸引越弱,当作用距离小于德拜半径 λ_D 时,球内不满足电中性条件:λ_D 是维持球内等离子体电中性的最小条件。

(2) 如图 3-2(b)所示,德拜球以负性粒子为中心,它将正性粒子吸引在周围,当作用距离小于德拜半径 λ_D 时,球内不满足电中性条件:λ_D 是维持球内等离子体电中性的最小条件。

(3) 正负电荷在空间均匀分布,整个空间是电中性的。但在以某一电荷为中心,$r < \lambda_D$ 的小球体内不是电中性的。当 $r \sim \lambda_D$,时,球体内的正负电荷数接近,近似电中性。当 $r > \lambda_D$ 时,球体就是电中性的了。

---

① 屏蔽:遮蔽、阻挡、隔离的意思。

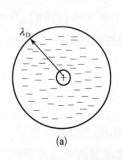 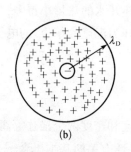

图 3-2 德拜球

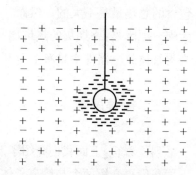

图 3-3 德拜屏蔽示意图

总之,在德拜球内,由于异性电荷过剩,显然电中性条件不成立,必须在大于德拜球的范围内,才能体现出电中性(图 3-3)。这好比一个国家的人口男女比例,在整个国家的范畴,男女比例是平衡的,男性人数和女性人数相等,即男、女各半。但在小范围内,例如一个村庄内,男女比例可能失衡,男的多或女的多,有的甚至可能是"女儿国"。那么这个村庄达到男女平衡的边界,相当于等离子体中的德拜半径。

四、等离子体振荡和等离子体波

列位看客,说到等离子体内存在振荡和波,你感到奇怪吗?其实一点也不奇怪,振荡确实存在,而且等离子体中含有的波动极其丰富。让我说给你听。

首先介绍等离子体中是如何产生朗缪尔振荡的。

我们知道等离子体是由带正负电荷的粒子组成,在宏观上保持电中性。现在分析一下,当等离子体内部某一局部区域产生电荷分离(即正负电荷粒子分开)后,会发生什么现象。

假设某一区域,某些带电粒子(比如说电子)受到偶然的作用都以相同速度向某一方向,如 x 方向(图 3-4),移动一个距离 δ,造成局部区域失去电中性,即正负电荷分离,一方负电荷过剩,另一方正电荷过剩,因而产生电场。由于静电相互作用,这些粒子被拉回来。由于惯性,这些粒子不可能停在原来的平衡位置上,而是冲过平衡位置。这样一来,又造成反方向电荷分离。如此反复,像钟摆

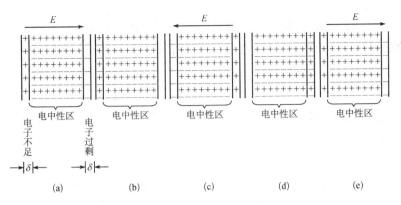

$$E \longrightarrow \qquad \longleftarrow E \qquad E \longrightarrow$$

电中性区　　　电中性区　　　电中性区　　　电中性区　　　电中性区

电子不足　　电子过剩

$\longmapsto \delta \longmapsto \quad \longmapsto \delta \longmapsto$

(a)　　　　(b)　　　　(c)　　　　(d)　　　　(e)

图 3-4　朗缪尔振荡示意图

一样往复振荡(图 3-5),一会儿向左,一会儿向右,摆的最低点是它的平衡位置,而等离子体振荡的"平衡位置"是电中性。等离子体振荡现象是朗缪尔首先发现的,故称为朗缪尔振荡。朗缪尔振荡的频率称为等离子体频率,用 ω_p 表示。

因粒子的不同,等离子体频率又分为电子等离子体频率和离子等离子体频率。

再来说说等离子体波。众所周知,有振荡就会有波。同样,等离子体振荡在一定条件下将以波的形式传播。

图 3-5　钟摆振荡示意图

波动是日常生活里复杂而有趣的现象,每个人都看见过不同形式的波。譬如,你坐在春天的湖畔望着平静的水面,一阵微风吹来,水面上漾起涟漪,正所谓"风乍起,吹皱一湖春水",这是水的表面波(图 3-6)。

图 3-6　风乍起,吹皱一湖春水——水表面波

为什么会掀起波动呢？水的表面是水和空气的界面,这个平面是稳定的。但是如果有了微风,便是在水和空气的界面上有了平行此面的不同流动速度,这种情况从物理上来说界面是不稳的,平面的水面不能维持,变成了波动的表面。

与此类似,物质处于等离子体状态下,有着丰富的波动现象。这是由等离子体的性质决定的,前面说过等离子体是由大量带电粒子组成的集合体,是准电中性的。等离子体中存在的热压力、库仑力(静电力)和磁力,由物理学知道,这些力类似于弹性介质中的弹性恢复力,称为准弹性力。热压力产生离子声波,静电力产生静电波,电磁力产生电磁波,等等。况且,这些波往往不是单独产生的,而是同时存在的,以致形成混杂波。

五、等离子体鞘层

等离子体虽然是准电中性的,但当它们与器壁相接触时,它们与器壁之间会形成一个薄的正电荷区,不满足电中性的条件,这个区域称为等离子体鞘层,如图 3-7 所示。

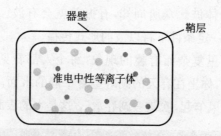

器壁　　　　鞘层

准电中性等离子体

图 3-7　等离子体鞘层示意图

等离子体鞘层是怎样形成的？长期以来没有明确的解释,直到 1950 年才开始了解清楚一些。现在简单地说明鞘层的形成。大家知道,等离子体内是准电中性的,离子密度与电子密度几乎相等(这里忽略中性粒子),但在与等离子体接触的固体表面(例如器壁)附近,由于电子附着,固体表面形成负电位,在其表面附近的等离子体中正离子的空间电荷①密度增大。这种空间电荷分布称作离子

---

① 空间电荷:这里指局部空间内存在的正的净电荷。电荷的分布导致空间存在一个电位的分布。

鞘,由此形成的空间称作等离子体鞘层。所有的等离子体与固体接触时都会在固体表面的交界处,形成一个电中性被破坏了的空间电荷层,即等离子体鞘层。图 3-8 给出鞘层区域粒子密度分布及鞘层的形成。

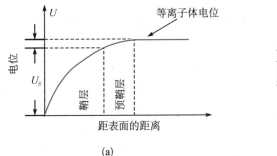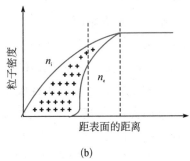

图 3-8 在等离子体和容器壁接触的交界处形成的鞘层和预鞘层

"鞘层"这个词也是朗缪尔首先提出的。大家都知道,宝刀或宝剑配有刀鞘(图 3-9),把刀或剑包在里面。同样,等离子体鞘层也在保护主体内的等离子体,使之保持等离子体的准电中性。鞘层的概念在低温等离子体物理中十分重要。在用等离子体对材料改性时,正是这种鞘层作用赋予了等离子体对材料表面处理时的活性。

图 3-9 刀和刀鞘

基于不同的机制,常见的鞘层有好几种:离子正鞘层、电子负鞘层、阴极双鞘层等。

六、等离子体的空间和时间尺度

等离子体与普通气体不同,等离子体的电中性有其特定的空间和时间尺度。

德拜长度是等离子体具有电中性的空间尺度下限。在小于德拜长度的空间范围,处处存在着电荷的分离,此时,等离子体不具有电中性,也就是说等离子体的电中性在等离子体的空间尺度比德拜长度 λ_D 大得多时才成立。

电子走完一个振幅(等于德拜长度)所需的时间 τ_p 可看作等离子体存在的时间尺度下限。在任何一个小于 τ_p 的时间间隔内,由于存在等离子体振荡,所以体系中任何一处的正负电荷总是分离的,只有在大于 τ_p 的时间间隔内,等离子体才是宏观中性的。τ_p 称作朗缪尔振荡周期。

τ_p 是描述等离子体时间特征的一个重要参量。如果由于无规则热运动等扰动因素引起等离子体中局部电中性破坏,那么等离子体就会在 τ_p 的时间内去消除它。τ_p 表征在电中性被破坏时等离子体做出反应的快慢,叫作响应时间。因此,τ_p 可作为等离子体电中性成立的最小时间尺度。

总而言之,等离子体作为物质的一种聚集状态,必须要求其空间尺度远大于德拜长度,时间尺度远大于等离子体响应时间,在此情况下,等离子体中,在较大的尺度上正负电荷数量大致相等,满足所谓的准中性条件。

七、等离子体判据

介绍上面几种等离子体参量后,就有可能较准确地来判定等离子体了。现在可把等离子体的判据归纳如下:

$$L \gg \lambda_D$$
$$\tau \omega_p \gg 1$$
$$N_D \gg 1$$

第一个式子表示:等离子体存在的条件之一是它的空间尺寸 L 必须远大于德拜半径 λ_D。

第二个式子表示:等离子体存在的时间尺度必须大于响应时间。式子中 τ 是响应时间,ω_p 是振荡频率。

第三个式子中,N_D 代表德拜球内的粒子数。此式表示德拜球里的粒子数不能太少。

只有满足这三个条件的电离气体,才能称为等离子体。这可以说是等离子体的严格科学定义。

表 3-1 列出了常用等离子体的密度(n_e)、德拜半径(λ_D)、朗缪尔频率(ω_p)。

表 3-1　常用等离子体的密度（n_e）、德拜半径（λ_D）朗缪尔频率（ω_p）

等离子体	n_e（个/cm³）	T_e(K)	λ_D(cm)	ω_p(S⁻¹)
火焰	$10^{8\sim10}$	$10^{3.5}$	10^{-2}	$10^{8.5}$
辉光放电	$10^{8\sim11}$	$10^{4.5}$	10^{-2}	10^{9}
电离层	$10^{5\sim7}$	10^{3}	10^{-1}	10^{7}
日冕	$10^{4\sim8}$	10^{6}	1	10^{8}
恒星内部	10^{27}	$10^{7.5}$	10^{-10}	$10^{17.5}$
（受控核聚变）托卡马克	10^{13}	$10^{7.5}$	10^{-3}	10^{11}
金属	10^{22}	$10^{2.5}$	低于晶格参数（无意义）	10^{5}

第四章 我的体检

——等离子体诊断

列位看官,上一章讲了等离子体参量,加深了对等离子体的了解。不过其中有些概念可能比较深奥,理解起来有些吃力,暂且先放在一边。下面我们谈谈实验等离子体物理学的重要部分,即等离子体诊断,打个比方,这像对等离子体进行所谓的"体检"。也许这些内容大家好理解。

等离子体参量中有等离子体的温度、密度、电子能量等,从实验上测定它们称作诊断。根据测量仪器的读数对等离子体的状态做出判断,就像是根据对病人的观察对疾病做出诊断一样。

其实,在等离子体中发生的许多物理现象都可以用来进行诊断。首先我们给出诊断方法的一般概述,至于诊断的操作和原理将在以后更详细地解释。

对等离子体进行实验诊断,可以获得放电参量影响等离子体状态的信息与微观机制,了解等离子体中发生的物理、化学过程。

等离子体诊断技术可以分为离位技术和原位技术两大类。离位技术是将等离子体反应器中的等离子体取样引出,在外面用仪器来检测,即所谓的"拉出来"。离位(或离线)技术主要有质谱技术和电子顺磁共振。原位(或在线)技术包括侵入式和非侵入式方法,侵入式诊断技术(即所谓的"打进去")对等离子体有扰动,如朗缪尔探针技术;非侵入式诊断技术对等离子体的扰动可以忽略,如光谱技术。在低气压低温等离子体的诊断中,最常用的技术包括探针技术、光谱技术、质谱技术和微波干涉技术。

一、探针技术

静电探针是最古老的,但又是最常用的低温等离子体诊断工具。它由朗缪尔于1923年发明,因此通常称为朗缪尔探针。后来,在扩展静电探针应用的过程中,各种静电探针的测量技术得到不断完善和发展。欲知朗缪尔探针法的基本原理及其主要应用,且听下文分解。

朗缪尔探针有很多类型,如单探针、双探针、三探针,此外还有发射探针等。

1. 单探针法

探针是封入等离子体中的一个小的金属电极(其形状可以是平板形、圆柱形、球形)。以放电管的阳极或阴极作为参考点,然后在探针上加电压,并改变此电压,测出相应的探针电流,可以得到探针的电压-电流特性曲线(即探针伏安特性曲线),再根据曲线上的特殊点就可以求得等离子体的一些主要参量,例如电子密度、电子温度、电子能量、等离子体电位和悬浮电位,等等。

有人可能要问:探针究竟是啥样子呢?

单探针的基本结构如图4-1所示。一个简单的圆柱状朗缪尔探针为一根细钨丝,直径为0.1~1 mm,钨丝外面包有薄的绝缘材料,通常为氧化铝陶瓷管,直径为几毫米。暴露在等离子体中的探针头(即从绝缘外套中伸出的部分)长度为2~10 mm。在直流放电情况下,该绝缘层可以装在接地的金属屏蔽管内。在制作探针时要求探针收集面的尺寸和绝缘保护部分的尺寸与等离子体的尺寸相比要很小,因为这些部分对探针周围的等离子体存在干扰。

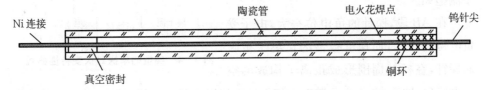

图4-1 单探针的基本结构

图4-2、图4-3为一种市售的探针结构。它包括探针头、补偿电极和参考电极三个部分。探针头采用插入式,易于更换。

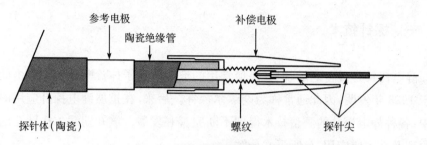

参考电极

陶瓷绝缘管

补偿电极

探针体(陶瓷)

螺纹

探针尖

图 4-2　一种市售的探针结构

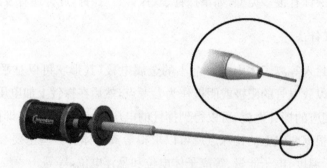

图 4-3　市售的探针外形图

典型的单探针伏安特性曲线如图4-4所示。其中探针电压为U_P,探针电流为I,探针电流与探针电压的关系曲线称为伏安特性曲线,对此曲线的解释如下。

整条伏安特性曲线可以分成三个区域:(1) 离子流饱和区;(2) 过渡区;(3) 电子流饱和区。

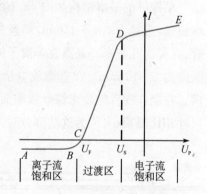

图 4-4　典型的单探针伏安特性曲线

在 AB 段,探针的负电位很大,电子受负电位的拒斥,而速度很慢的正离子被吸向探针,在探针周围形成正离子构成的空间电荷层,即所谓"正离子鞘",它把探针电场屏蔽起来。等离子区中的正离子只能靠热运动穿过鞘层抵达探针,形成探针电流,所以 AB 段为正离子流,这个电流很小。

过了 B 点,随着探针负电位减小,电场对电子的拒斥作用减弱,使一些快速电子能够克服电场拒斥作用,抵达探极,这些电子形成的电流抵消了部分正离子流,使探针电流逐渐下降,所以 BC 段为正离子流加电子流。

到了 C 点,电子流刚好等于正离子流,互相抵消,使探针电流为零。此时探针电位就是悬浮电位 U_F。为什么叫悬浮呢? 因为这时探针上无电流,相当于探针与外界无电的联系的情况。

继续减小探针电位绝对值,到达探针的电子数比正离子数多得多,探针电流转为正向,并且迅速增大,所以 CD 段为电子流加离子流,以电子流为主。

当探针电位 U_P 和等离子体的空间电位 U_S 相等时,正离子鞘消失,全部电子都能到达探极,这对应于曲线上的 D 点。在 D 点特性曲线发生急剧转变,这个转变点称为拐点,此拐点对应的电压值即等离子体空间电位 U_S。此后电流达到饱和。如果 U_P 进一步升高,探极周围的气体也被电离,使探针电流又迅速增大,甚至烧毁探针。

原则上讲,朗缪尔单探针伏安特性曲线从过渡区(CD 段)到电子饱和电流区(DE 段)应该有明确的拐点;在低温、无磁场、直流放电的理想情况下,曲线的"拐点"非常尖锐并且成为测量 U_S 的好方法。但是,这种明显拐点的情况非常少。由于探针的边缘效应(即有限表面积)以及外界因素的影响,如碰撞和磁场等,拐点的弯曲度会降低,以致探针伏安特性曲线通常没有明显的拐点。

测量探针伏安特性曲线的实验原理如图 4－5 所示。除了探针,还需一个电压可扫描的直流电源(通常电压扫描范围为±100 V),和一个电流、电压测量数据的采集处理设备(可以采用示波器、函数记录仪、电压表或计算机)。由本书作者研制的一种等离子体诊断实验装置如图 4－6 所示。

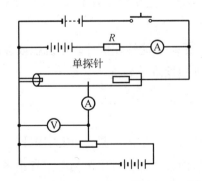

图 4－5　单探针伏安特性曲线的实验原理图

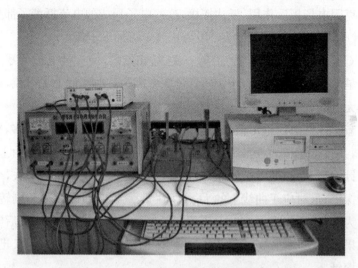

图4-6 作者研制的等离子体诊断实验装置

借助于探针电流-电压关系,可以确定等离子体的基本参量:电子密度 n_e,离子密度 n_i、电子温度 T_e、等离子体空间电位 U_S、悬浮电位 U_F 和电子能量分布函数。

单探针诊断方法最重要的优点是:探针测量所需的实验装置比较简单;只从探针数据就可以获得等离子体的大量参量。

单探针诊断方法的主要缺点如下:

(1) 探针数据的处理方法有一定的任意性,取决于对等离子体性质的假设。

(2) 探针的存在可以使等离子体受到扰动。

(3) 难于评估探针表面的二次电子和光发射的影响,以及探针表面的反射对带电粒子的影响。

(4) 在测量过程中,重粒子能够在探针表面沉积或破坏探针表面,这会改变探针表面的性质,使探针数据难于分析。

2. 双探针法

由上面看出,单探针法有一定的局限性,因为探针的电位要以放电管的阳极或阴极电位作为参考点,而且一部分放电电流会对探极电流有所贡献,造成探针电流过大和特性曲线失真,所以下面介绍静电双探针法诊断等离子体参量。

双探针法是在放电管中装两根探针，相隔一段距离。图 4-7 为双探针实验电路原理图，双探针法的伏安特性曲线如图 4-8 所示。

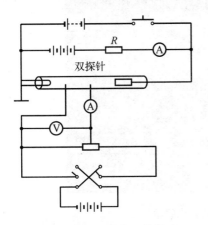

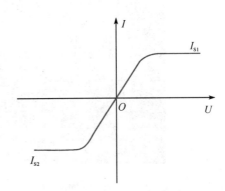

图 4-7 双探针实验电路原理图　图 4-8 双探针的伏安特性曲线

熟悉了单探针法的理论后，对双探针的伏安特性曲线是不难理解的。

在坐标原点，如果两根探针之间没有电位差，它们各自得到的电流相等，所以外电流为零。随着外加电压逐步增加（正向和反向），电流趋于饱和。最大电流是饱和离子电流 I_{S1}、I_{S2}。

双探针法有一个重要的优点，即流到系统的总电流绝不可能大于饱和离子电流。这是因为流到系统的电子电流总是与相等的离子电流平衡，从而探针对等离子体的干扰大为减小。

由双探针的伏安特性曲线，就可求得电子温度 T_e、电子密度 n_e 等参量。

列位看客，上面重点介绍了探针诊断法，那么，还有没有别的等离子体诊断法呢？有，还有好多，下面再讲几种，不过只能简单点了。

二、等离子体的光谱诊断法

提起光谱，人们自然会想到英国科学家牛顿，他于 1666 年把通过玻璃棱镜的太阳光分解成了从红光到紫光的各种颜色的光谱（图 4-9），他发现白光是由各种颜色的光组成的。这可算是最早对光谱的研究。

图 4-9 牛顿在做分光实验

1802 年,英国科学家沃拉斯顿观察到了光谱线(图 4-10);1814 年,德国物理学家夫琅和费也独立地发现了光谱。

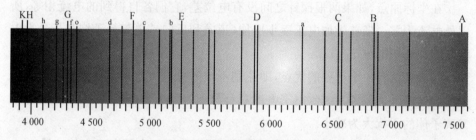

图 4-10 在可见光范围内的太阳光谱

实用光谱学是由德国物理学家基尔霍夫(图 4-11)与本生在 19 世纪 60 年代发展起来的,他们证明光谱学可以作为定性化学分析的新方法。

习惯上把光谱学区分为发射光谱学、吸收光谱学与散射光谱学。这些不同种类的光谱学,从不同方面提供物质微观结构知识及不同的化学分析方法。

大家知道,等离子体是一个很强的辐射源,从等离子体内部可发出从红外到真空紫外波段的电磁辐射,辐射现象是等离子体的重要特性之一。等离子体发出的辐射的

图 4-11 基尔霍夫

强度和光谱成分与等离子体的状态有关,利用等离子体的辐射特性可以测定粒子密度、温度和粒子成分等,这方面的工作构成等离子体光谱诊断学,长期以来在等离子体实验技术中起了很大作用。光谱诊断法作为一种非侵入诊断技术,具有很多优点:它对不同尺寸、均匀或非均匀等离子体都可以进行精确诊断,另外它既适用于暂态又适用于稳态。

目前用于等离子体诊断的光谱技术主要包括:等离子体发射光谱技术、吸收光谱技术、激光诱导荧光光谱技术,等等。发射光谱是通过测量等离子体中产生的光发射谱来获得等离子体信息的方法,它是最常用的、比较简便的测量方法。吸收光谱是将红外光射入等离子体,测量其被吸收而发生的强度变化,从而给出某些基团[①]的绝对浓度。

1. 发射光谱诊断技术

发射光谱诊断技术是利用光谱仪器中的色散元件把等离子体的辐射分成光谱,每种物质所发射的光谱分布不同,而且谱线强度还会受等离子体中各种放电参数的影响,因此,通过对发射光谱的分析,可以得到等离子体中粒子种类、离子温度、电子温度等一系列参数的信息。

一般说来,光谱诊断系统由单色仪、光电倍增管、放大器及记录仪等组成,其示意图如图 4 - 12、图 4 - 13 所示。放电等离子体中的光发射聚焦后进入单色仪,在单色仪中由光栅或棱镜将等离子体发射的光进行分光,形成光谱。光探测器用来收集单色仪分的光,并转变为电信号,常用的光探测器有光电倍增管、光电二极管、电荷耦合器件(CCD)等。电信号经放大器放大后,送入记录设备或计算机而得到发射光谱图。

图 4 - 12 光谱诊断系统示意图

---

① 基团:有机物失去一个原子或一个原子团后剩余的部分,基团是对原子团和基的总称。化学中基团通常是指原子团。

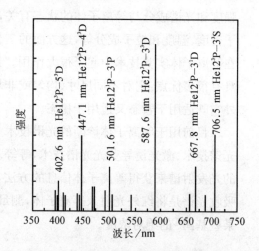

图 4-13　国产等离子体发射光谱仪外形图　　　　图 4-14　He(氦)等离子体发射光谱图

等离子体发射光谱有什么特性呢?

等离子体光谱主要是线状谱和连续谱(图 4-14)。线状谱是等离子体中的中性原子、离子等由其高能级的激发态跃迁到较低能级时所产生的,光谱线是一条条分立的谱线,每条谱线有它自己的强度分布规律,但谱线的总强度与电子和离子的密度和温度有关,因此从谱线强度的测量,结合理论模型,可以得到电子、离子的密度、温度等信息。根据多普勒效应[①],从谱线波长的移动可确定等离子体的宏观运动速度。

自由电子向原子离子或分子离子的能级跃迁(被离子俘获)会产生连续辐射(即光谱线是连续的)。从连续光谱强度的测量,也可得到电子密度、温度等数据。

关于等离子体发射光谱诊断就介绍到这里,下面总结一下发射光谱诊断方法的优缺点。

(1) 优点:

① 采用非侵入式方法,对等离子体的扰动几乎为零,测量数据更准确;

② 对待测的等离子体设备只需做很少或不做改动就可以完成测量;

---

　　① 多普勒效应:当声音、光和无线电波等振动源与观测者以相对速度 v 相对运动时,观测者所收到的振动频率(或波长)与振动源所发出的频率(或波长)有所不同。这一现象是奥地利科学家多普勒最早发现的,所以称之为多普勒效应。

③ 能够对空间和瞬态进行分辨,可以得到等离子体的许多信息;

④ 设备相对便宜,可以在实验室的多台仪器上使用。

(2) 缺点:

① 光谱极其复杂,较难精确解释,因此,通常只用原子谱线来分析等离子体的特性;

② 等离子体分子谱线,有时不清楚其来源,分析困难;

③ 作为工艺诊断工具,发射光谱仪的光学窗口需要保持清洁,因为窗口上薄膜沉积或刻蚀会改变或减弱发射光谱信号。

2. 吸收光谱诊断技术

为了得到等离子体中大量存在的基态的和亚稳态的基团的信息,往往要借助于等离子体吸收光谱诊断。吸收光谱可用来测量等离子体中分子、中性基团和亚稳态原子等的绝对浓度。其实,在发射光谱测量的实验装置上添加一个外光源就可以实现吸收光谱的测量。由于分子和原子的吸收谱线可能在真空紫外(VUV)[①]、可见光(VIS)、红外(IR)或微波频段的较宽频率范围,根据被测基团的性质,需要选择适当的外光源,外光源可以采用各种连续谱灯(如氙灯、氘灯、可见光范围的钨灯)和可调谐的窄带光源(如可调谐染料激光器、二极管红外激光器)。对于双原子和多原子基团,连续谱光源是最适合的选择。

吸收光谱诊断系统如图 4-15 所示。来自外光源的光通过等离子体,被等

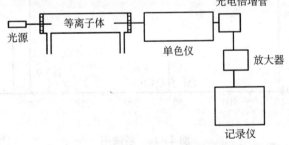

图 4-15 吸收光谱诊断系统示意图

---

① 真空紫外(VUV):真空紫外的得名是由于该波段的紫外线在空气中被氧气强烈吸收而只能应用于真空,其波长粗略在 150~200 nm。由于只有波长大于 200 nm 的紫外线辐射才能在空气中传播,所以通常讨论的紫外辐射效应及其应用均在 200~400 nm 范围。

离子体吸收而发生强度变化,此光到达单色仪的入射狭缝上,被单色仪①分光后,产生吸收光谱,用光电倍增管②以模拟方式或数字方式接收,变成电信号,经放大器放大,由记录设备记录或显示。

三、等离子体的质谱诊断法

大家都知道电子的质荷比是电子质量与电子电荷的比,即 m/e,英国物理学家 J. J. 汤姆孙就是通过测量电子的质荷比而发现电子的。质荷比在质谱诊断中又派上了用场,不过这里用的是离子的质荷比。

质谱分析法(MS),是通过对样品离子的质荷比的测定来进行定性和定量分析的方法。质谱分析法的过程是:首先将样品汽化为气态分子或原子,然后将它们电离失去电子,成为带电离子,再将离子按质荷比(即离子质量与所带电荷之比,以 M/Z 表示)大小顺序排列起来,测量其强度,得到质谱图,如图 4-16 所示,图中横坐标为质荷比,纵坐标表示离子流的强度,通常用相对强度来表示,即把最强的离子流强度定为 100%,其他离子流的强度以其百分数表示。通过质荷比可以确定离子的质量,从而进行样品的定性分析和结构分析;通过每种离子的峰高可以进行定量分析。

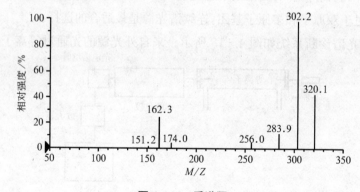

图 4-16 质谱图

① 单色仪:光谱仪器中产生单色光的部件。这里指一种分光仪器,它利用色散元件把复色光分解为单色光。

② 光电倍增管:一种常用的灵敏度很高的光探测器,是将微弱光信号转换成电信号的真空电子器件。

等离子体的质谱诊断法亦属质谱分析法。低气压低温等离子体中的中性气体和离子质谱分析的基本过程如图 4-17 所示。通过取样系统从等离子体中取出的中性气体(和离子),通过减压或离子传输系统进入质谱仪的离化源,在离化源中离化而产生离子,或者将取样的离子不经过离化而直接进入质量分析系统,在质量分析系统中将离子按质荷比(M/Z)的大小进行分离,排列成谱,即质谱。质谱不是光谱,而是带电粒子的质量谱。然后利用离子探测器和能量分析器得到离子种类、浓度和离子能量。

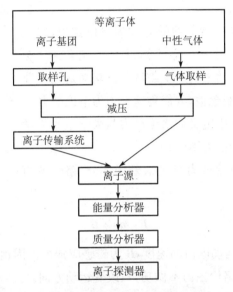

图 4-17 离子质谱分析的基本过程

下面分别说明质谱诊断的几个主要部分:

1. 原子、分子的离化[①]

在绝大多数质谱仪中,原子、分子离化的标准方法为电子碰撞离化。在某些特殊应用中,可以采用光离化、场致离化和化学离化。

---

① 离化:在能量作用下,原子、分子形成离子的过程。原子、分子成为带电荷的原子或原子团。

2. 离子的分离

在离子源中生成的各种离子,必须用适当的方法将它们分开,然后依次送到离子探测器和能量分析器中进行检测。离子的分离在质量分析器中完成,质量分析器的作用是将离子源产生的离子按 M/Z(质荷比)顺序分开并排列成谱。质量分析器有静态型和动态型两种。静态型质量分析器主要是磁偏转质量分析器。它的工作原理是洛伦兹力。有的人可能不记得洛伦兹力了,这里来温习一下学校里学过的洛伦兹力。

运动电荷在磁场中所受到的力称为洛伦兹力,即磁场对运动电荷的作用力。荷兰物理学家洛伦兹(图4-18)首先提出了运动电荷产生磁场和磁场对运动电荷有作用力的观点,为纪念他,人们称这种力为洛伦兹力。

中学物理教科书中定义的洛伦兹力与大学电动力学教科书中定义的洛伦兹力不同。

中学教科书的洛伦兹力只包括磁场部分,洛伦兹力的公式为

图4-18 洛伦兹像

$$F = qv \times B$$

式中 q 为电荷,v 为运动电荷的速度,B 为磁感应强度。因运动电荷的受力方向与运动方向垂直,故洛伦兹力不做功,只改变运动方向。

大学电动力学教科书中定义的洛伦兹力是所有的电磁力,既包括磁场部分,也包括电场部分,洛伦兹力的公式为

$$F = qv \times B + qE$$

式中 E 为电场强度。电场的作用力当然有可能做功。

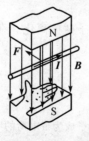

洛伦兹力的方向可用左手定则来判断。如图4-19所示,伸开左手,使拇指与其余四个手指垂直,并且都与手掌处于同一水平面,让磁感线从掌心进入,四指指向正电荷运动的方向,拇指的指向即洛伦兹力的方向。

图4-19 洛伦兹力示意图　　下面言归正传,继续谈质谱诊断中离子的分离。

离子进入分析器的磁场后,受到洛伦兹力的作用而做圆周运动。对于质量为 m、电荷量为 Ze(e 为基本电荷量)、速度为 v 的离子,其运动轨道半径为

$$r = \sqrt{\frac{2mv}{ZeB^2}}$$

由上式可知,在一定的 **B**、v 条件下,不同 m/Z 的离子其运动半径不同,因而由离子源产生的离子,经过磁分析器后可实现分离。如果检测器位置不变(即 r 不变),连续改变 v 或 **B**,可以使不同 m/Z 的离子顺序进入检测器,实现质量扫描,得到样品的质谱。

动态型质谱分析器包括飞行时间质谱仪(TOF)、回旋质谱仪、射频质谱仪和四极质谱仪。这些仪器名称比较专业,在此不作解释。

3. 离子能量分析

等离子体中的离子的能量不是单一的,而是具有某种分布,即有的能量大,有的能量小。因此,在现代的等离子体质谱仪上,在离子源与质量分析器之间,配置了能量分析器来对离子进行能量分析。

4. 离子的检测

经过质量分析器出来的离子流仅有 $10^{-10} \sim 10^{-9}$ A,离子检测器的作用就是接收并放大这微小的离子流,然后送到显示单元和计算机数据处理系统,得出相应的谱图和数据。质谱中使用的离子探测器主要有法拉第筒、电子倍增器和光电倍增管。

质谱诊断法可采用的质谱仪种类很多,四极质谱仪是等离子体诊断中最常用的质谱仪,由离化源、四极杆质量分析器、离子探测器组成,如图 4-20 所示。(四极质谱仪构造比较复杂,一言难尽,欲深入了解,请参看有关参考资料。)1953年四极质谱仪的发明,成为等离子体质谱诊断的里程碑。等离子体质谱主要用于等离子体中重离子的诊断,可以定性和定量分析原子、分子、基团和离子,确定这些物种的性质、浓度和能量。质谱诊断技术不仅可以用来对低温等离子体设备进行评价,还可作为一种实时监测的重要手段。一种四极杆质谱仪外形如图 4-21 所示。

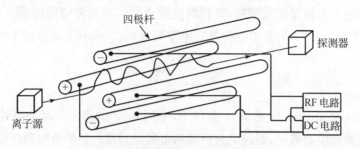

图 4–20　四极质谱仪组成示意图

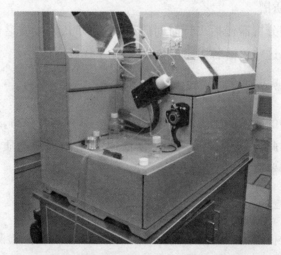

图 4–21　一种四极杆质谱仪外形图(中科院等离子体质谱实验室拥有)

四、等离子体的微波诊断法

　　微波诊断是利用微波与等离子体相互作用的原理,来测量等离子体的各个参量。微波在等离子体中传播时,会发生吸收、相移、反射、折射、散射等过程。相应的衰减量、相移量和反射量可由实验测定,这些量与等离子体电子密度、碰撞频率等参量相关,于是,实验测定这些量就可求得等离子体参量。

　　利用微波研究等离子体常用的有两种方法。一种是将微波通过等离子体,视其反射、吸收及位相的变化,由此测定等离子体的参量——电子密度和电子碰撞频率,微波方法是诊断等离子体电子密度和碰撞频率最有效的方法之一;另一种是利用等离子体本身发射的微波,根据它的辐射功率去推求等离子体的电子温度。

等离子体微波诊断技术是非侵入式的,一般情况下对等离子体没有干扰,可使用于探针不适合的场所。等离子体频率常常处于微波或比微波频率稍低一点的波段,常用的频率范围为 1 GHz～3 THz。

微波诊断等离子体主要有干涉法、谐振腔法和波传播法。干涉法是最常用的方法,包括微波干涉法和激光干涉法。

微波干涉仪的基本工作原理是测量通过等离子体和不通过等离子体的两束微波的相位差,得到传播常数的变化,从而获得等离子体的密度(图 4-22)。

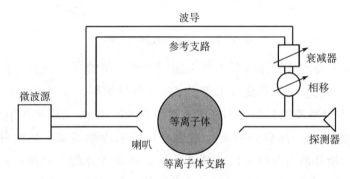

图 4-22 微波干涉仪工作原理示意图

很多情况下,用这种方法测得的等离子体密度非常准确,而且该数据可用来检测探针数据的可靠性。微波诊断是使用范围最广的一种等离子体诊断方法,高低温等离子体均可使用。特别是微波干涉测量技术已经发展成为一种成熟的等离子体诊断技术。

微波诊断这一技术的特点是:① 在一定的条件下,它们与高温等离子体的相互作用很微弱,从而对高温等离子体不会造成严重的干扰;② 能够以高的空间分辨测定各种等离子体参数。

五、等离子体的汤姆孙散射诊断法

汤姆孙散射诊断是国际公认的最准确的测量等离子体电子温度的方法。若要问什么是汤姆孙散射,简洁的回答是:电磁波被自由带电粒子所散射的现象。

说详细一点则是：激光在等离子体中传播时，带电粒子(如电子)在外来电磁波的作用下做受迫振动，按经典电磁学理论，振动的电子将向周围辐射电磁波，形成散射波(图4-23)。这种散射，只是运动方向改变，没有能量损失，所以这种散射又称弹性散射。

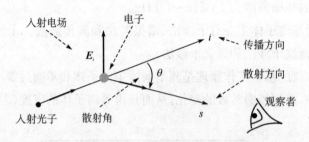

图4-23 汤姆孙散射示意图

可能有人要问汤姆孙散射为什么能用来诊断等离子体呢？上面讲了，汤姆孙散射是低能光子与低能自由电子之间的弹性散射。如果电子有一运动速度 v，其散射电磁波的频率将不同于入射电磁波的频率，汤姆孙散射光谱携带了电子的运动信息，这就是汤姆孙散射可以用来诊断等离子体的基本原因。通过测量汤姆孙散射光谱可以高精度地测量等离子体的多种参量，如电子温度、电子密度、等离子体流速等。经过多年的发展，汤姆孙散射已经成为等离子体物理研究中最重要的一种诊断工具。汤姆孙散射光谱对等离子体参量极为敏感，而且以比较直接的方式与等离子体参量相关，因此测量结果准确度高。

由于其重要性，几乎所有托卡马克装置(热核聚变实验装置，后面将会讲到)都大力发展汤姆孙散射诊断系统。下面图4-24、图4-25为中科院合肥物质科学研究院等离子体所建成的高分辨率汤姆孙散射(TVTS)诊断系统外形。该诊断系统(TVTS)由高能量激光器、传输光路、光栅光谱仪、像增强器、EMCCD(电子倍增电荷耦合器件)系统和数据采集分析系统组成。TVTS不仅可以提供精细的电子温度和密度分布，还可以直接测量散射谱形状。

经过多年的发展，特别是由于激光技术以及高速高灵敏度探测器的进步，汤姆孙散射已经逐渐成为热核聚变等离子体的标准诊断手段，成为精确研究等离子体行为的强大工具。

图 4-24　高能量激光器和倍频系统　图 4-25　光栅光谱仪、像增强器和 EMCCD 系统

列位看官,等离子体的实验研究暂时谈到这里,下一章将简单介绍等离子体的理论研究,以期对等离子体有比较全面的认识。不过,理论方面涉及较多的物理知识,有的比较深奥,所以介绍也只能蜻蜓点水,一带而过。

第五章　对我的理论和实验研究

列位看客,我等离子体的神秘色彩以及日益广泛的用途,引无数科学家争先恐后地对我进行理论和实验研究,以期弄清我到底是什么东西,欲开发更多的应用,为人类造福。正所谓"等离子体多娇,引无数理论科学家竞折腰。"他们各显神通,拿出各自看家本领,对我仔细揣摩,认真思考,提出各种各样的理论模型,来把我描述,以求与实验事实尽量符合。这好似"戏法人人会变,各有巧妙不同"。这些科学家究竟有何锦囊妙计,且听下文分解。

(说明:对理论无兴趣的读者,可以跳过这一章,免得被繁琐的理论弄得头晕眼花。)

一、等离子体的理论研究

众所周知,在科学研究中用适当的模型去描述研究对象,对象不同,采用的模型也不同,因而研究方法也就不同。由于等离子体种类繁多,现象复杂,具有的温度、密度也各不相同,所以有的适宜用这种模型来描述,有的适宜用那种模型来描述。总的说来,对等离子体的理论描述可分为近似方法和统计方法(或称宏观描述和统计描述)。单粒子轨道理论和磁流体力学都属于近似方法,等离子体动力论则属于统计方法。此外,随着近年来计算机技术的发展,出现了一种新的描述方法——计算机数值模拟。下面将分门别类作简要介绍。

1. 单粒子轨道理论

本章首先介绍最简单、最基本的描述方法——单粒子轨道理论。这种理论模型是把等离子体看作单个粒子的组合。粒子间的相互作用可以忽略,粒子可以看成是相对独立的。因此,集体效应常常是不重要的。用这种理论研究等离子体的第一步是了解单个粒子在电场和磁场中具有怎样的行为。弄清了单个粒子的运动规律,就可以用统计理论得到整个等离子体系统的行为规律。这就是单粒子轨道理论模型。这样做可以大大地简化数学计算,突出过程的物理图像。显然,这是一种近似的理论,然而从单粒子轨道理论所得出的结论往往是很重要的,可用来解释等离子体出现的许多物理现象。这好比研究人类,只看个人的行为特性,而不考虑其社会关系,不管他与别人的联系,仅探究某人的个性,然后用统计学的方法,推断出人类的共性,解决一些社会问题。

单粒子轨道理论最适用于研究高温稀薄等离子体。温度高,则粒子的动能大;稀薄,则粒子间的作用力弱。因此,这种等离子体最适宜用单粒子轨道理论描述。很多工业等离子体,特别是气体放电,多采用这种研究方法。

2. 磁流体力学理论

在研究等离子体的宏观运动时,往往可把它视为流体处理。不过与普通的流体(如气体和液体等)不同,这种流体是由能导电的带电粒子组成的,为与前者区别,通常称为导电流体。

图 5 - 1　汉尼斯·阿尔文

1937 年汉尼斯·阿尔文(图 5 - 1)研究磁场与等离子体的相互作用,建立了磁流体力学。若问阿尔文是何许人也,这里略加介绍。汉尼斯 · 阿尔文(Hannes Alfvén,1908—1995),瑞典等离子体物理学家、天文学家,因为对宇宙磁流体动力学的建立和发展做出的卓越贡献,荣获 1970 年诺贝尔物理学奖。他致力于磁流体动力学领域的研究,其成果被广泛应用于天体物理学、地质学等学科,他曾预言磁流体中有一种沿磁场方向传播的波,后在等离子体中被证实,被称为阿尔文波。

磁流体力学理论模型就是把等离子体看成连续的导电流体。有人可能会问,什么样的等离子体可以看成导电流体而用磁流体力学描述?这主要是密度较大的粒子体系组成的等离子体。如果在一个微小的体积(体元)中有足够多的粒子,处在体元中的这些粒子有相同的物理量(如温度、速度等），每个体元与实物体积的大小相比微不足道，但比粒子的尺寸大很多（能容纳大量的粒子），这样的等离子体可以看成连续导电流体。

磁流体力学的处理方法是：忽略粒子运动的个性，强调它们的集体性。只用宏观参量来描述等离子体的特性。在流体力学方程中加上电磁作用项，再和麦克斯韦方程组联立，就构成磁流体力学方程组，然后解之。这是等离子体的宏观理论，这个理论主要研究磁场与等离子体之间相互作用所产生的宏观现象。

磁流体力学理论适于描述随时间和空间变化的一些等离子体行为，主要应用于天体等离子体物理和热等离子体领域（如磁约束核聚变）以及磁流体发电等。等离子体物理中 80% 以上的现象能用流体方法描述，因此磁流体力学被广泛应用。

3. 等离子体动力论

等离子体按其本性是一个含有大量带电粒子的多粒子体系，所以严格的处理方法就是统计方法，即研究粒子分布函数随时间的演化过程。这种理论就是等离子体动力论，也称为等离子体的微观理论，它包括描述无碰撞等离子体中波和粒子相互作用的波动理论和碰撞等离子体中碰撞过程的动力学理论。微观理论可以得到宏观理论所得不到的许多知识。

此外，研究等离子体还有一种"黑匣子"方法（图 5-2）。

这种方法是工业等离子体工程应用最为广泛的一种方法。工程人员把等离子体当成只有输入和输出端的一个黑匣子。这种方法不注重了解"黑匣子"中发生的物理过程，只要调节输入端的参量，在输出端得到需要的结果就行，就像电子电路中网络分析采用的方法一样。这是一种实用的方法。

研究等离子体的理论方法或模型还有一些，限于篇幅，这里不再赘述。我等离子体感谢众多理论科学家，他们从不同的视角给我画像，对我描述，犹如"八仙过海，各显其能"，真正体现了"百花齐放，百家争鸣"的精神。

图 5-2　黑匣子示意图

当代等离子体物理研究主要集中在以下几个领域：

热核聚变能源研究（高温碰撞等离子体）；

空间等离子体物理（低温无碰撞等离子体）；

天体等离子体物理(各种极端参数条件下的等离子体);

气体放电和电弧的工业应用(低温等离子体及其与物质相互作用)。

这些研究领域对 21 世纪人类面临的许多全局性问题的解决(如能源、材料、通信及环境保护)都有重大意义。

等离子体的基本理论问题现阶段大体可分成:平衡问题,波动和不稳定性问题,弛象和输运问题,电磁辐射问题,高度非线性的相干结构及湍动问题,以及气体和电弧放电中的一些基本问题。(可参考国家自然科学基金委员会:《等离子体物理学》,科学出版社,1994 年 5 月第 1 版,第 17 页。这些高深的理论这里不多介绍。)

20 世纪 70 年代以前,等离子体理论在等离子体中的小振幅波动研究及线性稳定性分析中取得了很大成功,预言并解释了大量实验现象。但对等离子体输运过程的研究,则与实验结果相差甚大。由于等离子体本身非线性现象丰富,必须考虑非线性效应,故近年来等离子体中的非线性现象已成为理论研究的重点方向之一。

此外等离子体物理中还涌现了一些新的基础研究领域。20 世纪 80 年代以来,等离子体物理基础研究由于受核聚变研究、空间和天体等离子体研究、等离子体在高技术中的应用及低温等离子体应用的推动而得以大大扩充和深入,涌现出一批过去传统研究很少顾及和未曾探索的新领域,成为国际等离子体物理研究竞争的前沿和热点,其中最主要的是非中性等离子体物理。非中性等离子体是指整体呈非电中性的等离子体。

这一章关于等离子体的理论模型的介绍显得有些单薄,只是谈了各种模型的大意,说了其皮毛,因为涉及的数学和物理知识、所采用的数学和理论工具比较深奥和专业,已超出中学知识的范围,所以介绍不好再深入了。

二、等离子体的实验研究

当今最大规模的等离子体实验研究是在热核聚变中对高温、高密度等离子体性质的研究。这些实验研究将在以后介绍。这里要介绍的是为弄清等离子体的基本性质和某些特殊行为而设计的小型实验装置及相应的实验研究。

小型等离子体实验装置在等离子体物理的发展中起着重要的作用。例如真空管中气体放电现象的研究在早期等离子体物理学发展中起过不可磨灭的作用。20 世纪 70 年代后期以来小型装置的实验研究更趋活跃。这些小型装置上的实验不仅研究聚变等离子体中的不稳定性问题,而且涉及研究空间等离子体及低温等离子体的一些重要物理现象。

小型等离子体实验装置有如下基本类型:

(1) 热阴极气体放电管,通过直流或脉冲放电产生等离子体。

(2) 电弧放电装置(图 5-3),所用初始充气气压较高,放电电流也较大。

(3) 静态等离子体装置,通过碱金属原子束在热阴极上的热电离产生低温(小于 1 eV)、平静的等离子体。

(4) 表面磁场约束装置,在装置表面安装极性交替变化的永久磁体,形成表面多极场。这样的约束磁场可把热阴极放电等离子体密度提高 1～2 个数量级。

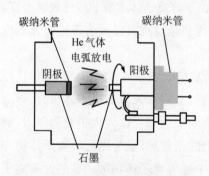

图 5-3　电弧放电装置结构示意图

图 5-4　微波等离子体炬

(5) 双等离子体装置,由表面磁场约束装置改进而来,由产生等离子体的源区和进行等离子体实验的靶区组成。两者以栅网相隔。

(6) 微波等离子体装置(图 5-4、图 5-5),用射频来产生和加热等离子体。和气体放电相比,等离子体有更高的电子温度和密度。

在这些形形色色的小型等离子体装置中,根据实验的要求,还可加上不同形态、均匀或不均匀的磁场,或加直流电场,或用不同方法激发不同的波,或入射电子束或微波,以模拟不同的物理过程

图 5-5　微波等离子体装置

和各种物理问题。小型等离子体装置所研究的物理覆盖了几乎所有重要的等离子体物理研究领域。

在这些实验中,广泛使用了结构简单的静电探针、磁探针、高频探针或电子束探针。在一些装置中,用计算机控制探针阵列在装置内的移动,并用计算机处理测量信号,可以直接重现等离子体内温度、密度、粒子流的分布。

使用小型等离子体装置的优点在于:这些装置投资少、工期短、诊断简单、机动性强,适于研究特定条件下等离子体的某些性质,而这些条件在大装置上是难以实现,或虽能实现,却难以研究的。

此外,小型装置上的研究虽然不需要庞大的人员组合,但由于要求理论和实验密切配合,适于培养和训练比较全面的高水平的研究人才。在小装置上进行研究工作更能表现出研究者的创造性和想象力,也更依赖于研究者的能力和努力程度。

以上所作的蜻蜓点水似的介绍,不过是"抛砖引玉",有兴趣的读者可去参看其他资料。

总的说来,我还是希望有更多的人来发展等离子体理论和实验研究,尤其是青年一代,愿他们能从老一辈科学家手中接过接力棒,勇猛地向前冲刺,创造辉煌的未来。

对我本身特性的自述到本章为止,下面几章将介绍各个领域对我的应用,敬请期待。

第六章 天生我材必有用

——等离子体应用概述

列位看客，曾记否，唐代著名诗人李白所作的《将进酒》中有一句："天生我材必有用，千金散尽还复来。"这前半句形容我等离子体是很恰当的。我可是神通广大的，在许多领域、许多方面都有应用，我可以大显身手。

前面几章粗略展示了等离子体的基本原理和研究方法，从本章起将介绍等离子体广泛的应用。

等离子体与人类生活息息相关，科学技术发展到今天，等离子体的应用已经涉及我们生活的各个方面，从日光灯、霓虹灯，到大规模集成电路、航天飞机，到处都可以找到等离子体应用的踪迹。

现在等离子体已深入各个尖端科技领域（图6-1）。等离子体技术在微电

图6-1　应用等离子体的主要领域

子、光电子、新材料、航空航天、新能源、环境等诸多专业领域有广泛且重要的应用,是一个关系国家能源、环境、国防安全的重要技术。尤其是近年来,低温等离子体物理与应用已经是具有全球影响力的重要的科学与工程之一,对高科技经济的发展及传统工业的改造起着巨大的作用,受到世界各国的重视。

有人分类列举了等离子体在能源、物质与材料、环境与宇宙这三大领域中的应用(表6-1),并且还从等离子体的电学、光学、热学、化学以及力学特性等方面对应用实例进行分类。这张表有点让人眼花缭乱,不过,从中看出我等离子体用处不少吧!

表6-1　等离子体技术应用

能源领域		物质、材料领域		环境领域	
电学应用	热电子发电 磁流体发电 核聚变发电 闸流管 引燃管	热学应用	电弧焊接 放电加工 等离子体喷涂 等离子体源离子注入	热学应用	等离子体熔炼 城市垃圾处理
光学应用	照明放电管 霓虹灯 气体激光器 等离子体显示 紫外线光源 X射线源	化学应用	表面改性 等离子体化学气相沉积 等离子体刻蚀	电学应用	静电除尘装置 等离子体充填微波管 汽车静电喷漆 等离子体隐身
力学应用	离子源 电子源 粒子加速 火箭推进	力学应用	溅射 离子注入 粒子束加工	化学应用	臭氧发生器 燃烧废气处理 汽车尾气处理

一、在能源领域的应用

等离子体在能源领域的应用有四大重点项目:受控核聚变、磁流体发电、热电子发电、等离子体发动机。

1. 受控核聚变

在能源领域,利用超高温等离子体的核聚变发电受到广泛关注。

核聚变反应是以氢同位素为燃料,它们大量存在于海水中,可以说是取之不尽用之不竭的。实现核聚变发电,可使人类掌握永久性的绿色能源。核聚变的基本反应原理如下所述:一个高能氘核(D)和一个高能氚核(T)碰撞发生核聚变反应,生成一个氦核(He),并放出一个中子(n),而且释放出巨大的动能。当中子撞击到反应堆四周的吸收介质时,动能转化成热能发电。

为使反应物在反应前具有足够大的能量,可采用两种方法:一种是利用加速器把质子或氘核等加速,使之轰击轻原子核,这样是有可能产生核聚变反应的;另一种可能的途径是把反应物加热到几百万开或更高的高温,显然这时物质已处于完全电离的等离子体状态,由于反应粒子具有极大的热运动动能,足以克服静电斥力,从而使原子核发生激烈的碰撞,实现原子核的聚变反应。这种在高温下进行的轻核聚变反应,也叫作热核反应,氢弹就是在没有控制下进行的爆炸式的热核聚变反应。为更好地利用原子能,希望能在人工控制下进行热核聚变,因此,把这种聚变反应称为受控热核聚变反应。

由此看出,在热核聚变反应中,反应物质必处于高温等离子体状态。这些下一章再谈。目前,国内外均致力于受控热核聚变的大规模研究与开发。

2. 磁流体发电

磁流体发电是利用高温高速等离子体在磁场中切割磁感线产生感应电动势而发电的技术。燃料和氧化剂在燃烧室内燃烧并被电离,产生 3 000 K 高温和 800 m/s 高速的等离子体,流经磁场通道时,可直接在外接回路中产生强大电流。磁流体发电直接将热能转化为电能,热效率高、污染小,尤其适合于需要低电压、大电流的直流电源。国内外已研制成可供实用的磁流体发电机,但仍有许多技术问题有待解决。

二、等离子体发光特性的应用

等离子体发光特性是最早得到商业应用的等离子体现象,这方面的应用非常广泛,包括常见的荧光灯、霓虹灯等照明用的等离子体放电管,以及气体激光、等离子体显示等。电弧灯和汞蒸气灯问世后的数十年间,等离子体光源技术取得了很大进展。发明家利用弱电离等离子体的发光效应,设计出一系列琳琅满目的灯具,如钠灯、金属卤素灯、空心阴极灯、无电极灯、无汞荧光灯,等等,经过一百多年的发展,电光源的品种已超过 3 000 种,为人类迈进绿色节能照明时代创造了良好的条件。此外,作为光源第四代产品的微波等离子灯已研制成功二十多年,以其全新的发光机理,成为具有众多优点的新型光源。

除了上述气体放电光源外,目前等离子体平板显示的研究热点是大画面和高清晰度。

三、在新材料和加工领域的应用

对等离子体工艺或等离子体加工的有关技术,在此仅作概述,后面将作详细阐述。高气压电弧等离子体是一个巨大的热源,可将混入其中的陶瓷或金属等的微粒材料瞬间熔化。等离子体的这个性质被用于喷涂、精炼、表面改性和生成微粒材料等。另外,等离子体化学活性的薄膜沉积与刻蚀,也是微电子制造中必不可少的工艺。该工艺主要是先通入工作气体,然后使其放电;高能量的电子足以使气体分子键[①]断裂,产生大量活性基团;这些基团不断吸附在基板表面,由于基团之间的表面化学反应,最终会在表面生成一层具有新化学结构的薄膜。这就是等离子体化学气相沉积技术(简写为 CVD),它可用来研制太阳能电池、液晶显示器、聚合物薄膜、金刚石薄膜以及纳米管等新材料。还有,用电子束把金属等固体原料蒸发,注入等离子体中,电离出的离子在加速电压作用下轰击基板,基板表面就会沉积一层可改进表面性能的薄膜,这种工艺称为离子镀膜。

目前等离子体加工已开辟的和潜在的应用领域主要有:

(1)机械加工领域主要是等离子切割、等离子焊接、等离子喷涂等。

(2)材料科学领域主要是制备各种难熔金属、金属陶瓷(氧化物、氮化物和碳化物等)的粉末和超细粉末及其具有特殊物理性质的纳米材料和薄膜材料。

---

① 分子键:一般惰性气体分子间是靠分子键结合的,其实质是库仑相互作用,这种键较弱,其分子间相互作用力为范德华力。

（3）冶金工业领域主要是金属和合金的冶炼、精炼及冶金提炼等方面。目前冶金工业使用的大功率等离子体发生器已达到 500 kW～10 MW。等离子炬使冶金生产过程的高温容易控制；纯净的火焰，使冶金材料的成分能按需要而改变；高的等离子体流速保证了高的热量迁移，现在用于冶金的等离子炬正处于发展阶段。

四、在环境领域的应用

近年来，将等离子体技术应用于地球环保方面的期待正日益增高。等离子体三废处理是等离子体应用的一个新兴领域。目前，世界上许多发达国家利用等离子体技术对各种废弃物，如医用废弃物、城市固体垃圾、核废料、焚化炉灰、炼钢粉尘以及排放的废气等进行处理，取得了相当好的效果，从而为等离子体技术的应用开辟了新的领域。

近年来国内外企业利用低温等离子体技术在环保方面开发出了"低温等离子体有机废气净化设备"、"低温等离子体废水净化设备"及"低温等离子体汽车尾气净化技术"。

五、在宇宙领域的应用

1. 推进

目前火箭广泛采用的化学燃料发动机的喷气速度已经很难继续提升。如果要使单位质量的推进剂携带更多的能量，就必须设法使推进剂变成高温、高密度的等离子体，这时就要从外部注入能量。强激光脉冲瞬时加热就是一种高效的能量注入方式。激光推进有两种工作模式：一种被称作"大气呼吸模式"；另一种被称作"火箭模式"。大气呼吸模式直接利用大气层的空气作推进剂，激光脉冲被火箭的光学系统聚焦后，击穿燃烧室里的空气产生爆轰波[①]，爆轰波的波峰和燃烧室的腔壁相碰撞时，就把动量传递给了火箭。大气呼吸模式的好处是火箭

---

① 爆轰波：以超声速运动的激波，称为冲击波，带有化学反应的冲击波，称为爆轰波。

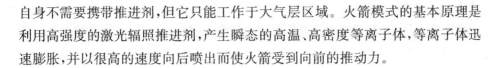

自身不需要携带推进剂,但它只能工作于大气层区域。火箭模式的基本原理是利用高强度的激光辐照推进剂,产生瞬态的高温、高密度等离子体,等离子体迅速膨胀,并以很高的速度向后喷出而使火箭受到向前的推动力。

2. 等离子炬在火箭工程中的应用

等离子炬被广泛用作实验设备和研究装置。如在火箭工程中,它们被用来在超热风洞中产生极大的流动速度,做模拟火箭和弹道导弹头返回条件的试验。

六、在国防上的应用

低温等离子体除了应用于核爆炸模拟以外,还可用于多种国防技术。例如,等离子体天线,利用等离子体与电磁波相互作用开展的等离子体隐身,等离子体动能武器,等等。

1. 等离子体隐身技术

等离子体隐身技术是通过在飞行器表面形成等离子体,利用等离子体对雷达波的吸收、损耗作用来达到减少飞行器雷达反射界面的目的。飞行器实现等离子体隐身的基本原理是:利用等离子体发生器、发生片或放射性同位素在飞行器表面形成一层等离子体云,控制等离子体的能量、电离度、振荡频率等特征参数,使照射到等离子体云上的雷达波一部分被吸收,一部分改变传播方向,使返回到雷达接收机的雷达波能量很小,使雷达难以探测,达到隐身目的。等离子体云还能改变反射信号的频率,使敌方雷达测出错误的飞机位置和速度数据以实现隐身。

2. 等离子体反导技术

等离子体反导的主要原理为改变飞行物的飞行条件,即用彼此交叉的大功率电磁波束改变导弹的飞行环境,使飞行中的导弹偏离方向而失去战斗作用。

3. 等离子体武器

所谓等离子体武器,就是利用安装在地面的发生器和天线发出超高频电磁能束和激光束，并使其在大气中聚焦，焦点处空气便会发生高强度的电离反应，形成等离子体云团，其密度和电离度比大气电离层高出 1 万～10 万倍。飞行物体一旦撞入等离子体云团中，因其飞行环境遭到破坏，它就会偏离正常飞行轨道，它的飞行状态也会发生剧烈的变化，飞行物体将承受巨大的惯性力，最终遭到破坏而坠毁。

最后说一件有趣的"新闻"：美国密苏里大学和纳诺华公司(Nanova)研制出等离子牙刷，可处理牙菌斑，帮助补蛀牙。纳诺华公司的研究人员对等离子牙刷进行了测试(图 6-2)。等离子牙刷事实上并不是一把真正的牙刷，而是一种牙科工具，使用时会发出一定的热量，实验结果表明，这一工具可以对

图 6-2　研究人员在对等离子牙刷进行测试

蛀牙进行清理和消毒。等离子牙刷在对蛀牙进行处理后，填充物可以粘合的面积增大，坚固性也比传统方法提升 60%，因此可延长被补牙齿的使用年限。由此可见，等离子体技术已渗透到人们生活的方方面面。

展望未来，由于等离子体技术方法简便、污染小、生产能力高、成本低、灵活性大、易于实现自动化、能得到用别的方法难以形成的高温等，所以等离子体技术术在科研与工业部门的应用必将进一步扩大。近几年来，越来越多的科学工作者和工程技术人员开始重视和研究等离子体科学技术及其应用，这为等离子体科学技术带来了新的发展，并开辟和探索出新的应用领域。正所谓"来日方长显身手，甘洒热血写春秋"。

在结束本章之际，还要说明，想用有限的篇幅把等离子体应用的现状和前景阐述清楚是相当困难的。本章所介绍的仅是等离子体应用的一部分，只能说，这一部分已经引起了人们的注意，各国科技工作者付出了相当大的力量去研究它，取得了一定的进展，但这绝不是等离子体应用的全部。因为等离子体科学技术本身及其应用正处于不断发展之中，所以没有必要，也不可能讲得很全面。但是，我们可以这样说，等离子体工业应用的前景是广阔的，潜在力量是相当大的。

第七章 我来拯救人类

——等离子体在能源领域的应用

声明:在本章里,鉴于有的看客目前对等离子体的性质尚知之不多,对有些专业名词和术语也不理解,因此,我们尽量少地使用它们。有些必须提到的术语,我们将用尽可能浅显的语言解释清楚。

列位看客,据媒体所言,在不久的将来,地球上能源将枯竭,人类社会将遭遇空前的危机,出现那种机器停转、工厂关门、黑夜没有光明、冬天寂寞冰冷的"世界末日"的景象。这不是杞人忧天,不是耸人听闻,这话不是没有根据的,为什么? 且听下文分解。

一、能源危机

众所周知,能源是人类赖以生存和发展的基础,是现代文明的三大支柱,是经济发展的"火车头"。现代社会的生产和生活,都依赖于能源的消耗。不仅工农业生产需要它,而且人们的日常生活,如炊事、取暖、照明、交通等都离不开它。人类离不开能源就像人离不开氧气一样。追溯到远古,追溯到生命的起源,没有能源,就没有生机勃勃的地球,更没有人类的今天。

当前人类所用的能源资源主要是石油和煤。随着生产发展、社会进步,能源的消耗量会越来越大,可是地球上煤和石油的蕴藏量毕竟是有限的,不可能无止境地开采。那么,等到这些地下宝藏被不断开发而逐渐消耗完了的时候,人类社会就会遇到空前的危机。

随着经济的发展和能源消耗量的大幅度增长,能源的储量与其生产消耗之间的矛盾将会日益突出。现在地球上各种能源到底还能开采多久呢? 根据

1992年世界能源会议提出的题为《1992年能源资源调查》的报告,答案是:(1) 煤炭还可开采219年;(2) 石油还可开采44年;(3) 天然气还可开采60年;(4) 铀资源还可开采65年。

现在,26年过去了,可开采的年数更少了。

二、开发新能源

能源的形势是严峻的,但也不必过分悲观。面对这种紧迫情况,世界各国除了充分利用现有的传统能源外,都在大力研究开发新能源。相信人类能最终战胜日益紧迫的"能源危机"。

科学家们努力探求新能源的重大成果之一便是核能的发现,这使困扰人类的能源问题由"山重水复疑无路",转变为"柳暗花明又一村"。核能可分为裂变能(图7-1)与聚变能,裂变和聚变像一对孪生姐妹一样,都愿为人类做贡献。现今的核电站(图7-2)是裂变能受控释放的装置。但原子核的裂变能并不是人类理想的能源,因为它在利用方式上还存在许多缺点,而且地球上裂变物质的储量相对其他元素来说并不丰富,开采和提炼过程又十分困难,光是裂变能并不能保障人类在可以预见的生存时期内获得足够的能源。我们必须为子孙后代寻找更方便、更安全、更丰富的能量资源。

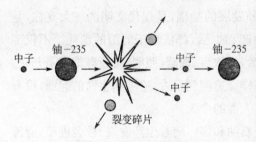

图7-1 核裂变示意图

图7-2 现今的核电站

研究指出,如果能够利用聚变反应释放核能,它比起裂变反应来有更多的优点。第一,它可以放出更多的核能,就同样质量的燃料来说,聚变反应放出的能量要比裂变反应放出的能量大4~5倍。第二,聚变反应的燃料将取之不尽。我们知道裂变燃料铀-235在天然铀中的含量很小,分离困难,使用不了太长的时间。而未来的聚变燃料将使用氘,它是氢的同位素,并存在于水中。虽然它在水中只占 0.003％的质量,但全球浩瀚的海洋中所含的氘约为 40 万亿吨。若能全部聚变燃烧,它们释放的核能将足以供人类消耗几十亿年,是"取之不尽,用之不竭"的能源。第三,聚变能是比较干净的能源。因为氘的聚变反应产物中只有氚是放射性的,但它的半衰期不长,约为 12 年,而且它还是反应的中间产物,不会积累很多,处理起来也较容易。所以,为最终解决人类的能源问题,科学家们正在进行受控核聚变的研究。

聚变能的应用前景虽然十分诱人,可是实现聚变能的可控释放空前困难。迄今,对受控核聚变的研究已经历了一段漫长的过程。对受控核聚变的探索充满着艰难曲折,前进的速度不如人们所希望的那样迅速,然而核科学家们仍在百折不挠地前进着。正所谓"路漫漫其修远兮,吾将上下而求索"。

三、核聚变反应

核聚变反应中,两个轻核聚合成一个重核及中子,同时以粒子动能方式释放出巨大能量。核聚变燃料必须达到足够高的温度,原子核才能获得足够的动能克服原子核之间的电磁斥力。

这样的聚变反应必须在极高的温度下才能发生,这时原子核以极高速度做无规则运动,连续相互碰撞,发生大量聚变。这样的核反应是在原子核的热运动中发生的,所以称为热核反应。不加控制的核聚变早在 20 世纪 50 年代就实现了,那就是氢弹爆炸(图 7-3),这样猛烈的爆炸作为潜在的新能源,显然是不行的。人们怎样才能和平利用核聚变的能量呢?这就要求核聚变在人们的控制下缓慢进行,能量一点一点地释放出来,这种能够加以控制的反应,称为受控热核反应或受控核聚变,俗称"人造太阳"。有专家考证:较早提出"人造太阳"解决人类能源问题的是一位前苏联年轻少尉。这个仅有高中学历的"大男孩"在 1950年提出这个"空想"时,前苏联科学家们没有笑话他,而是科学审慎地分析了可行性。历史证明,很多改变世界的伟大科学发现、科技进步,源自勇敢的"空想"、睿智的呵护和执着的追求。

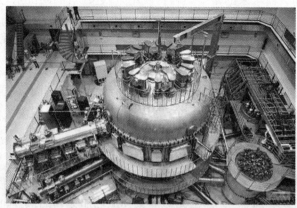

图 7-3　氢弹爆炸画面　　　　图 7-4　中国可控核聚变装置

　　要实现作为潜在能源的核聚变反应(图 7-4)，只能借助高温等离子体的方法。列位看客，可见在受控核聚变中我等离子体是可以大显身手的，所以说，我来拯救人类，并非夸下海口，在未来的能源开发中是少不了我的。

　　高温是使原子核获得足够高的速度以实现聚变反应的条件，而高温的数值又依赖于燃料的种类和等离子体的特性。点燃聚变反应与炉子点火的道理是相同的。多高的温度能使炉子点燃，一要看使用什么燃料，二要看燃料的放能速度与炉子损失能量的速度关系如何：若放能小于能量损失，炉子就点不着，若两者相等，则炉子可自己维持燃烧，若前者大于后者，那么炉子就可为人提供多余的能量了。

　　由此可见，实现核聚变反应必须满足两个基本条件：第一，燃料温度必须达到 5 000 万～5 亿摄氏度。第二，必须满足劳森(J. Lawson)判据。劳森判据(即劳森条件)是英国科学家 J. 劳森 1957 年经过仔细地考虑聚变反应的自持条件而得出的，是维持核聚变反应堆中能量平衡的条件——单位体积内燃料粒子数 n、粒子维持其能量或约束状态的时间 τ 及反应温度 T，三项参数的乘积必须超过临界值。当然，对不同的核聚变反应，临界值是不同的。

　　以下是轻核间可发生的数种热核聚变反应：氢(H)及其同位素氘(D)和氚(T)、氦的同位素 ^{3}He、硼(B)等。在地球上，最早实现的核聚变反应为氘核-氚核核聚变(图 7-5)，因为该反应所要求的温度最低。

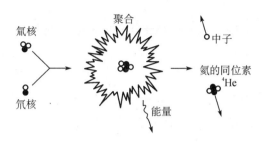

图 7 - 5　D - T聚变反应示意图

实现核聚变的关键问题是约束和稳定。进行热核聚变反应,必须有两个条件:第一,要将参加反应的等离子体约束在某一特定的体积之内,需要设计各种有效的约束装置,存放等离子体。第二,要使等离子体在稳定的状态下进行反应,不致溃散。

四、两种约束方法

什么是"约束"? 将等离子体限定在某一范围内,使其在一定的时间内,保持某种状态,叫"约束",所限定的时间叫约束时间。能量约束时间是指使等离子体的能量约束于某种状态的时间。

为什么核聚变要加约束呢? 回答是:一团高温等离子体因受其内部压强的作用要向四周散开,同时温度会下降,若等离子体再与容器器壁相碰,它的温度就更会急剧下降。因此必须用某种办法将这团高温等离子体维持住,使其有足够的时间进行热核聚变反应。用某一种方法把高温等离子体维持住,常称为对等离子体进行约束,或简称为等离子体约束。

用什么方法约束等离子体呢? 回答是:有多种约束方式,常用的有磁约束、高频电磁场约束和惯性约束等。

众所周知,用钢、混凝土、木材制成的固体容器来盛装非常热的等离子体是不可能的,俗话说"纸包不住火"。在上亿摄氏度高温的等离子体面前,地球上的任何材料就像纸一样,都包不住这团"火"。此外,若有容器壁与等离子体接触,会使等离子体的温度大幅下降,而且容器壁局部受热会蒸发出一些物质,这些杂质会抑制反应过程。

受控核聚变常用的两种约束方法：

一是"磁约束"。大家知道，等离子体是由带电粒子组成的，它在磁场中的运动遵从一定的规律。磁约束（图7-6）核聚变（MCF）使用稳态磁场，在磁感线范围内有效约束等离子体带电粒子的运动，使等离子体稳定"漂浮"在远离容器壁的位置，并保持足够长的时间。其中最为成熟的设计为托卡马克装置，托卡马克装置的反应堆所实现的参数是最接近成功水平的。

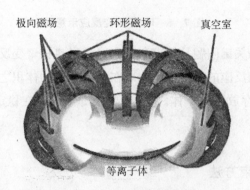

图7-6　磁约束示意图

二是"惯性约束"（ICF）。它将聚变燃料制成的小球（称为靶丸）在极短时间内迅速地加热并压缩，直至达到高温、高密度，使之在中心"点火"，实现受控核聚变（图7-7）。这有点像"微型太阳"，所以有人把这种受控核聚变叫作"人造小太阳"。这些燃料小球可以通过激光、电子或离子束以及磁压缩技术加热到所需要的温度。

激光辐射氘氚靶丸　　　　内部压缩　　　　　　聚变点火　　　　　聚变燃烧

图7-7　激光惯性约束核聚变示意图

现在，世界上许多大国都高度重视惯性约束的研究，大力推动此项研究的进展。我国著名的核物理学家、两弹一星元勋王淦昌（图7-8），1964年就独立地提出了用激光打靶实现核聚变的设想，他是世界激光惯性约束核聚变理论和研究的创始人之一,为惯性约束受控核聚变的研究做出了杰出贡献,著有《人造小太阳——受控惯性约束聚变》、《惯性约束核聚变》等书(图7-9)。

图7-8　王淦昌

图7-9　王淦昌著作书影

五、托卡马克反应堆技术

托卡马克(Tokamak)是一种利用磁约束来实现受控核聚变的环形容器(图7-10~图7-12)。托卡马克原为俄语单词"环形"、"反应室"和"磁"的缩写组合。托卡马克的中央是一个环形的真空室,外面缠绕着线圈。在通电的时候托卡马克的内部会产生巨大的螺旋形磁场,将其中的等离子体加热到很高的温度,以达到核聚变的目的。托卡马克是一种先进的聚变装置,经过研究人员的不断改进,目前已发展到第四代,最显著

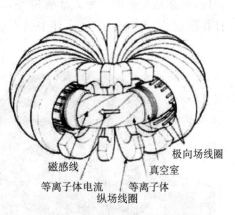

磁感线　　　　　　　　　　极向场线圈

等离子体电流　　　　真空室

纵场线圈　　等离子体

图7-10　托卡马克结构示意图

的进展是托卡马克装置已接近实现核聚变反应堆所要求的等离子体条件。

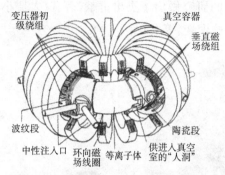

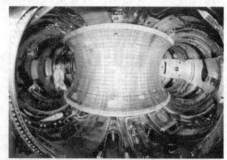

图 7 - 11　建在普林斯顿(美)的托卡马克　　**图 7 - 12　托卡马克内部**

　　以超导托卡马克聚变堆为基础的未来聚变能电站发电原理图如图 7 - 13 所示。说到这里,有人会问:聚变能源何时才能惠及普通家庭,要等到猴年马月?这个问题叫我等离子体难以回答,反正我等离子体在核聚变中是尽心尽力了。科学的发展从来就不是一帆风顺的,但相信科学家们会不遗余力地去攻关,并终将克服重重困难,取得最后的胜利,这一天指日可待。还是那句老话:"道路是曲折的,前途是光明的。"令人欣慰的是,2016 年 1 月 27 日媒体报道:我国自行设计并研制的"人造太阳"——托卡马克实验装置运行获得重大进展,实现了电子

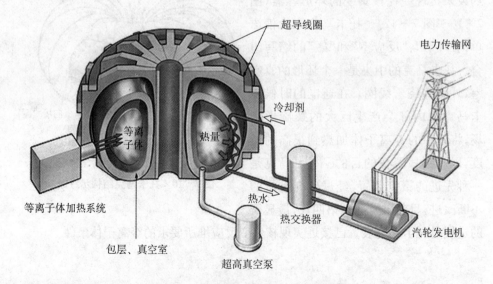

图 7 - 13　未来聚变能电站发电原理图

温度超过 5 000 万摄氏度、持续时间 102 秒的超高温、长脉冲等离子体放电，这标志着我国已经迈入可控热核反应领域先进国家行列。

现在我来回答另一个问题：核聚变装置的用途是否仅限于发电？还有没有其他用处？回答是肯定的。我等离子体可是神通广大、英雄大有用武之地呢！据悉，越来越多的等离子体物理学家正在为核聚变装置产生的热量、辐射和粒子流找寻发电之外的新用途。例如，聚变装置产生的高能中子是最有商业价值的产物。小型聚变装置可生产医疗、工业和科研领域所需要的放射性同位素。钴-60就是其中的一种放射性物质，它在医疗用品、食品消毒以及癌症治疗方面大有用处。聚变装置的另一项用途是对危险废弃物进行分解，对核废料进行无害化"燃烧"。在放射影像学中，当遇到传统 X 射线无法穿透的厚重金属时，高能中子可以助一臂之力。

列位看客，关于核聚变能源我只能讲这些了，再说下去就是"专业级"的了，那不是这本书的任务，在这里给列位说"拜拜"。有兴趣的读者，可去看有关的参考资料。

第八章　磁流体发电
——等离子体在电力工业中的应用

列位看客，上一章讲述了等离子体在能源领域的应用，这一章将谈一谈在电力工业中的应用，并介绍一种发电的新技术——磁流体发电，你们将会看到不仅在受控核聚变中有我等离子体的足迹，在磁流体发电机中也有我的身影。

一、什么是磁流体发电

前面我们讲过，气体在高温下会发生电离现象。气体电离以后，就出现一些自由电子。因此，它就变成了能够导电的流动的气体，即高温等离子体。20 世纪 50 年代后期，科学家发现，让高温、高速流动的气体通过一个很强的磁场，就能产生电流。后来，在此基础上就发展出一种发电新技术，这就是引人注目的"磁流体发电"。磁流体发电的关键是应用了等离子体，所以又称"等离子体发电"。它是一种把热能直接转变成电能的新型发电技术，由于无需经过机械转换环节，所以可以说是"直接发电"。磁流体发电的热源可以是煤炭、石油或者天然气燃烧所产生的热能，也可以是核反应堆提供的热能。

磁流体发电和火力发电的基本原理是相同的，都是根据法拉第的电磁感应定律——导体切割磁感线产生电动势(图 8-1、图 8-2)；所不同的是，普通发电机切割磁感线的运动导体是固态金属，而磁流体发电机中切割磁感线的运动导体是高温、高速的导电流体(图 8-3)。

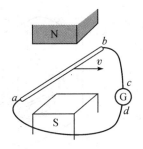

图 8－1 导体切割磁感线产生电动势

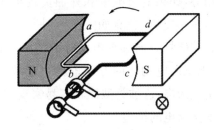

图 8－2 交流发电机原理示意图

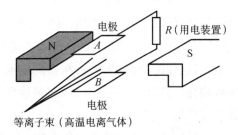

图 8－3 磁流体发电原理示意图

二、磁流体发电机结构原理

磁流体发电机的结构并不复杂,它由燃烧室、发电通道和磁体三个主要部件组成,图 8－4 是简单的磁流体发电机的结构示意图。

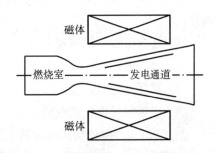

图 8－4 磁流体发电机基本结构示意图

（1）燃烧室:燃料在燃烧室中燃烧,燃料的化学能转变成热能,产生高温导电气体。高温导电气体通过喷管被加速,气流以约 1 000 m/s 的高速射入磁场中,进入发电通道。

（2）发电通道:由绝缘壁和电极组成,电极用以引出电流。

（3）磁体:用以产生强磁场,它由铁心电磁铁、空心线圈或超导线圈制成。

高温导电流体高速切割磁感线产生感应电动势,如果通过电极和外加负载组成回路,根据右手定则,就有如图 8-5 所示的电流通过。若磁场方向和导电流体的流动方向均一定,则感应电动势的方向也就一定,发出的电就是直流电,这种类型比较容易实现,当然,也有发交流电的类型。

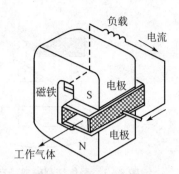

图 8-5 磁流体发电的电流方向

通过发电通道的导电流体是气体。然而,气体一般不导电,必须经过电离才能变成导电气体,即成为等离子体。磁流体发电采用热致电离生成等离子体,即把气体加热到几千摄氏度高温,普通气体在 7 000℃左右的高温下才能被电离成磁流体发电所需要的等离子体。不过,这样的高温,无论是在燃烧技术上,还是在材料上难度都较大。世界上的事物往往是这样:越是有价值、越珍贵的东西,要想得到它就越困难,正所谓"好事多磨"。

如果在气体中加入少量容易电离的碱金属化合物(一般为钾、钠、铯的化合物,如碳化钾)蒸气,作"种子材料",则在 3 000℃时气体的电离程度就可达到磁流体发电的要求。当这种气体以约 1 000 m/s 的速度通过磁场时,就可以实现具有工业应用价值的磁流体发电。

根据通道的电气接线方式不同,基本的磁流体发电机型式可以分为以下四种:

(1) 连续电极法拉第发电机;

(2) 分段电极法拉第发电机;

(3) 霍耳发电机;

(4) 串接斜导电壁发电机。

上述(1)、(2)两种型式因为其中感应电动势的大小和方向完全由法拉第电磁感应定律决定,所以又被称为法拉第磁流体发电器。

在连续电极的直线型发电装置中,当等离子体密度较低时,会出现一种称为霍耳效应的现象,霍耳效应有利有弊,且听下文分解。

三、霍耳效应

1879 年，24 岁的美国人霍耳（Edwin Herbert Hall，1855—1938，图 8-6）在研究载流导体在磁场中的受力性质时，发现了一种电磁效应，即如果在电流的垂直方向加上磁场，则在同电流和磁场都垂直的方向上将建立一个电场，如图 8-7 所示，这个效应后来被称为霍耳效应。至于霍耳效应发现的经过，有一段小故事，容我表一表。

图 8-6　霍耳

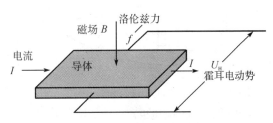

图 8-7　霍耳效应示意图

据霍耳自己说，霍耳效应的发现是出于对权威的怀疑。霍耳在 1879 年 11 月的一篇文章中写道："在我研究生生活的最后一年，有一次我读到麦克斯韦的《电磁学》，我的注意力特别为下面一段叙述所吸引：

'我们必须记住，推动载流导体切割磁感线的力不是作用在电流上……。如果电流自己能自由选择在固体导体中的道路，那么，当恒定磁力作用于这个系统之时，电流的分布将和没有磁力作用时的一样。'"

霍耳在文章中接着写道："我觉得这似乎和平常的推理相矛盾。我对麦克斯韦所说的'在导线中，电流的本身完全不受磁铁或其他电流的影响'这句话感到奇怪。不久，我读了瑞典物理学家爱德朗教授的一篇文章，文中假定：磁铁作用在固态导体中的电流上，恰和作用在自由运动的导体上一样。"

霍耳发现了这两个学术权威的不一致后，决定做实验以检验麦克斯韦和爱德朗的论断谁是谁非。

实验几经失败，霍耳毫不气馁，又用如图 8-8 所示的装置，将厚的金属盘改为薄的金箔，重做实验，最后终于实验成功。霍耳证明磁场对导体中的电流确有影响,磁场的作用是在导体内建立了垂直于电流及磁场方向的电动势。由此霍耳发现了一种新的电磁效应。

随后,霍耳将自己的发现以《论磁铁对电流的新作用》为题,发表在《美国数学杂志》上,几个月后引起了国际上广泛的注意。新闻界将霍耳的成功誉为"过去五十年中电学方面最重要的发现"。开尔文说,霍耳的发现可和法拉第的发现相比拟。

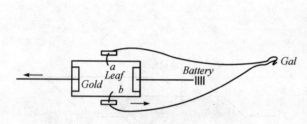

(Gold Leaf -金箔,Battery -电池,
Gal -电流计,a,b -电极)

图 8-8　霍耳笔记中的图

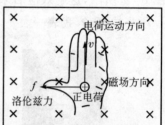

**图 8-9　左手定则——
洛伦兹力 f 方向的判断**

霍耳效应的本质是:固体材料中的载流子在外加磁场中运动时,因为受到洛伦兹力(图 8-9)的作用而使轨迹发生偏移,并在材料两侧产生电荷积累,形成垂直于电流方向的电场,最终使载流子受到的洛伦兹力与电场力相平衡,从而在两侧建立起一个稳定的电动势。现在知道,不仅固体材料(包括导体和半导体)有霍耳效应,电离气体(等离子体)也有霍耳效应。

由于气体的密度要比固体的密度小得多,所以在相同的磁场条件下,气体中的霍耳效应也要比固体中强烈得多。在研究磁流体发电机中的各种电磁过程时,不能不考虑这种现象的存在。

在连续电极磁流体发电装置[图 8-11(a)]中,当等离子体密度较低时,由于霍耳效应,电子在磁场中将沿曲线运动,由霍耳电动势产生的垂直于电场的电流称为霍耳电流。在等离子体中,不仅电子有霍耳效应,而且正离子也有霍耳效应,不过,由于两者所带电荷符号相反,所以两者的洛伦兹力方向是相反的,如图 8-10 所示,其中 f_B 表示洛伦兹力。

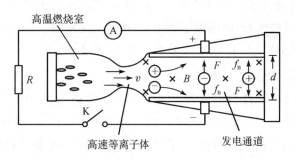

图 8-10 等离子体中正负电荷的洛伦兹力示意图

霍耳电流(损耗电流)的出现,减小了平行于电场的电流。为了降低霍耳电流的影响,通常采用分段电极[图 8-11(b)]。另一种方法是直接利用霍耳电流来代替平行于电场的电流,即在发电通道的轴线方向出现很高的霍耳电势,直接应用这个电势对外发电,而将横向电场短路,从而成为霍耳发电装置[图 8-11(c)]。你看,霍耳效应好像双刃剑,有利又有弊,是不是让人又恨又爱?科学家的任务就是扬长避短、兴利除害,给人类带来更大的益处!

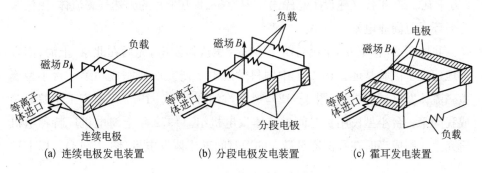

(a) 连续电极发电装置   (b) 分段电极发电装置   (c) 霍耳发电装置

图 8-11 磁流体发电机的基本型式

四、磁流体发电研究简史

让我们回顾一下磁流体发电研究的历史:磁流体发电的概念,甚至比使用旋转发电机的历史还要久远。早在 1831 年,伟大的英国物理学家法拉第就曾经做过这样的试验:将玻璃管放在垂直磁场中,使水银流过玻璃管。从原理上来说,这实际上就是磁流体发电机的雏形。1938 年,他根据海水切割地球磁场产生电动势的想法，测量泰晤士河两岸间的电势差，希望测出流速，但因河水电阻大、地球磁场弱和测量技术差，电压过于微小，当然是一无所得。

20世纪初就有人取得磁流体发电的专利，但直到1959年才首次出现磁流体发电和汽轮发电组合，其效率约为50%。

美国是研制磁流体发电机最早的国家。在1938年到1945年，美国的西屋研究实验室就开展了磁流体发电的早期研究工作。1942年，美国通用电气公司的卡尔劳维茨和哈拉茨，首先提出了以燃烧气体为工质的磁流体发电机设想，可惜没有建造成功。1959年美国阿夫柯-埃菲尔特研究实验室，应用电弧加热器产生的高温热气流，在1.8特斯拉的磁场下发出了11.4千瓦的电功率的电，点亮了288盏60瓦的电灯泡，运行时间10秒。这一标志性事件宣告了世界上第一台能够发出实际有用电功率的磁流体发电机研制成功，实现了从法拉第以来的一百多年间，人们几经周折奋力研制磁流体发电机的理想。

前苏联是从1962年开始研究磁流体发电的。前苏联利用天然气作为燃料，于20世纪70年代建造了第一座工业性磁流体-蒸汽试验电站，最高输出功率达2万千瓦。80年代又建设了总输出功率为58.2万千瓦的天然气磁流体-蒸汽联合循环示范商业电站。

我国于20世纪60年代初期开始研究磁流体发电，先后在北京、上海、南京等地建立了试验基地。1962年中国科学院电工研究所研制成功第一台小型模拟磁流体发电试验机组（图8-12），燃烧汽油和纯氧。1971年南京工学院研制成我国第一台小型民用长时间磁流体发电机组。1972年上海电机厂特种电机研究室研制成当时在我国容量最大的短时间磁流体发电机（图8-13）。以上这

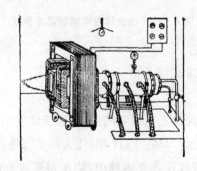

图8-12　我国第一台磁流体发电试验机组示意图

些工作,为我国磁流体发电技术的发展,打下了良好的基础。从 1987 年开始,磁流体发电正式列入国家"863"高技术发展计划,众多单位分工合作,并已取得较大进展。

图 8-13　我国研制的磁流体发电机样机

五、磁流体发电的优点和前景

为什么磁流体发电受到世界各国如此广泛重视、竞相从事它的研制工作呢?原因是:与传统火力发电相比,磁流体发电有许多优点。

火力发电的历史十分悠久,当前,电力的主要来源仍旧是火力发电。众所周知,普通火力发电过程是把燃料燃烧,将化学能转变成热能,使锅炉水汽化,推动涡轮机①,热能被转换成机械能,再带动发电机,使机械能变成电能。图 8-14 为火力发电生产流程示意图,可见生产过程中要排烟、排灰,给环境带来严重污染。虽然火力发电厂建造费用低,安全性好,然而,传统的火力发电在能量转换过程中有很大损失,最好的热效率才 40%。所以,火力发电要浪费许多燃料,还会污染环境。为了解决这个问题,不少科学家早就开始研究各种新型的发电方法。研究表明,磁流体发电就是一种好办法。

——————————————

① 涡轮机:利用流体冲击叶轮转动而产生动力的发动机,可分为汽轮机、燃气轮机和水轮机。涡轮机是广泛用作发电的动力机。

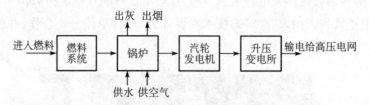

图 8-14 火力发电生产流程示意图

理论和实践都证明磁流体发电是最有效的发电方式。磁流体发电机的优点是：没有运动部件，结构紧凑，体积小，发电启停迅速，排放的废热和污染物质少，对环境污染小。特别是它的排气温度高达 2 000℃，可通入锅炉产生蒸汽，推动汽轮发电机组发电。这种磁流体-蒸汽动力联合循环电站，一次燃烧两级发电，比现有火力发电站的热效率高 10%～20%，节省燃料 30%，是火力发电技术改造的重要方向。

有人可能要问，磁流体发电有那么多好处，况且研究历史颇久，为什么在相当长一段时间内研制进展不快，直到现在还没有生产规模宏大的电站呢？

俗话说："樱桃好吃树难栽，不下苦功花不开。"磁流体发电机理论和结构虽不十分复杂，但技术和设备上的难题不少。其一，当含有金属离子的高温气流高速通过强磁场中的发电通道达到电极时，电极也随之遭到腐蚀。电极的迅速腐蚀是磁流体发电机面临的最大难题。其二，磁流体发电机需要一个强大的磁场，一般说来，真正用于生产规模的发电机必须使用超导磁体来产生高强度的磁场，这当然也带来技术和设备上的难题。

最近几年，科学家在导电流体的选用上有了新的进展，发明了用低熔点的金属（如钠、钾等）作导电流体，在液态金属中加进易挥发的流体（如甲苯、乙烷等）来推动液态金属的流动，巧妙地避开了工程技术上的一些难题，制造电极的材料和燃料的研制方面也有了新进展。但想一下子省钱省力地解决磁流体发电中技术、材料等方面的所有难题是不现实的。随着新的导电流体的应用，技术难题逐步解决，磁流体发电的前景还是乐观的。

第九章　后来居上
——等离子体电视与平板显示

列位看客:你们或许还记得,在本书开头的"引子"里有一段话:目前,等离子体电视已经面市,这种平板电视的亮度和清晰度,比普通显像管电视机要高好几倍,况且容易实现大画面和薄形化。本章将介绍等离子体电视的基本原理、结构、优缺点及其发展前景,让你们再一次感受等离子体在电子显示中是如何发挥作用的。

一、传统电视机的兴衰

电视机堪称最为成功的商业产品之一。明亮夺目的电视图像使得全球千百万观众为之目眩神迷。有了电视,足不出户即可欣赏到精彩的电影和电视剧;见识广博的专家学者通过电视中的《百家讲坛》传播文化和科学知识;音乐电视(MTV)也建立了流行文化的新标准。如今,电视已相当普及,可以说,家家户户离不了电视,人人离不了电视。传统电视的图像由阴极射线管(CRT)产生,因此,传统电视机称为CRT电视机,过去,CRT电视机一统天下,独领风骚一百年。

让我们再回忆一下CRT电视机是如何显示图像的! 在显像管中,从灼热灯丝射出的电子在加速的同时聚集成电子束,并轰击涂有荧光粉的屏幕(图9-1)。电子束和荧光粉产生相互作用并发光。对电子束施加相应电场,可使电子束光斑沿上、下或左、右方向移动,通过调整电子束强度,可以改变屏幕的发光强度。自1897年直到今天,阴极射线管仍然是最为普及的显示技术。阴极射线管的优点为:响应速度快(用于高帧频显示)、分辨率高、视角宽、峰值亮度高、对比度强等。由于造价低廉,大批量生产的CRT使电视技术获得了极大商业成功(图9-2、图9-3)。

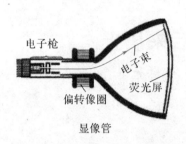

图9-1 阴极射线管示意图

图9-2 显像管外形图

图9-3 CRT电视机外形图

　　如今,消费者们孜孜追求的潮流——大即是好,却使得CRT电视机陷入窘境。CRT电视机面临的问题在于,它已经达到了尺寸的极限。CRT是一只内部抽成真空的玻璃罩,随着CRT外形尺寸的增加,大气压强在玻璃罩表面施加的压力也随之增大,因此,无法制造超过玻璃罩承压临界尺寸数值的CRT,很明显,这一临界尺寸为对角线长度40英寸。此外,大尺寸CRT会因为电视机的盒状外壳过于沉重而带来使用不方便。由于电子轰击屏幕会产生X射线,因此长时间观看CRT电视机也会对人体健康构成危害。此外,由于采用含铅玻璃、混合塑料以及其他部件,CRT淘汰后很难进行废弃物处理,从而对环境构成潜在性危害。体积庞大笨重的CRT正在被超薄轻便的显示设备挤出市场。

二、平板电视

拥有明亮图像的超薄的平板式电视机正在日渐取代老式的 CRT 电视机。固体显示板代替了笨重的玻璃显像管。屏幕只有几毫米厚，犹如一个精致的镜框，可以挂在墙壁上。虽然曾经制出过发光二极管、液晶、等离子体、场致发光和荧光等几种类型的平板显示器，但是人们普遍认为液晶显示屏是最有希望完全替代 CRT 的显示装置。

液晶电视机与普通 CRT 电视机的区别仅在于图像显示部分采用液晶显示器件代替 CRT 显示器件，用驱动电路代替扫描电路。其他部分如高、中频通道，视频检波电路，遥控电路，伴音电路等与普通电视机相同。所以，这里主要谈一谈液晶显示器（图 9-4）。

液晶显示器对于许多电视用户来说并不算新鲜的名词了，就是平时所说的 LCD，它的英文全称为 Liquid Crystal Display，直译成中文就是液态晶体显示器。世界上第一台液晶

图 9-4　液晶显示器

显示设备出现在 20 世纪 70 年代初，尽管是单色显示，仍被应用到了电子表、计算器等领域。在 1985 年之后，LCD 在显示设备市场崭露头角，产生了商业价值。

液晶显示器的工作原理（图 9-5）：液晶是一种有机化合物，在常温条件下，既有液体的流动性，又有晶体的光学各向异性[1]，因而称为"液晶"。液晶的另一个特殊性质在于，如果给它施加一个电场，它的分子排列会随之改变，这时如果给它配上偏振光片，它就具有阻止光线通过的作用（在不施加电场时，光线可以顺利透过），如果再配合彩色滤光片，改变加给液晶的电压大小，就能改变某一颜色透光量的多少，也可以形象地说改变液晶两端的电压就能改变它的透光度（但实际中这必须和偏光片配合）。众所周知，由于液晶分子不能自己发光，所以液

---

① 晶体的光学各向异性：光学各向异性就是指晶体的各个方向折射率不一样。

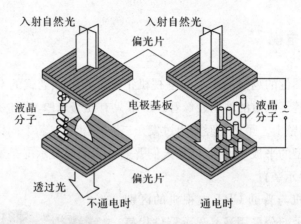

入射自然光　　　入射自然光

偏光片

液晶分子　　　电极基板　　　液晶分子

偏光片

透过光

不通电时　　　通电时

图9-5　液晶显示器的工作原理

晶显示器需要靠外界光源辅助发光。液晶显示屏的基本工作原理是:使强度固定的白色背光通过一个可分离红、绿、蓝三色光线的可变滤波装置,并改变通过滤波装置的光线强度,从而显示图像。

　　液晶显示器的组成(图9-6):液晶显示器由两块板构成,厚约1 mm,其间用包含液晶材料的5 μm均匀间隔隔开。因为液晶材料本身并不发光,所以在显示屏下边都设有作为光源的灯管,而在液晶显示器屏背面有一块背光板(或称匀光板)和反光膜,背光板由荧光物质组成,可以发射光线,其作用主要是提供均匀的背光源。背光板发出的光线在穿过第一层偏振过滤层之后进入包含成千上万液晶液滴的液晶层。液晶层中的液滴都被包含在细小的单元格结构中,一个或多个单元格构成屏幕上的一个像素。在玻璃板与液晶材料之间是透明的电极,电极分为行和列,在行与列的交叉点上,通过改变电压而改变液晶的旋光状态,液晶材料的作用类似于一个个小光阀。

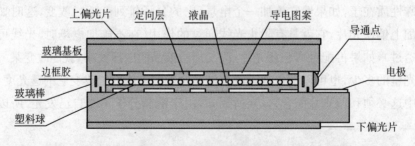

上偏光片　定向层　液晶　　导电图案

导通点

玻璃基板

边框胶

电极

玻璃棒

塑料球

下偏光片

图9-6　液晶显示器的组成

正像"金无足赤，人无完人"一样，液晶显示器有优点也有缺点。

LCD 的优点是：

(1) 低压、微功耗，节能明显。

(2) 其辐射指标普遍比 CRT 低一些。

(3) 不会出现几何失真[①]。

(4) 液晶显示器可视面积大。

(5) 高精细的画质。

(6) 超薄、量轻，可挂壁。

LCD 的缺点是：

(1) 可视偏转角度小。

(2) 响应速度慢，容易产生影像拖尾[②]现象。

(3) 亮度和对比度不是很好。

(4) 寿命有限。

(5) 彩色显示不理想。

三、等离子体显示（PDP）

列位看客：日常生活中很多人都在使用电脑和手机，许多时间眼睛都在盯着显示器屏幕。显示技术已是生活中不可或缺的一部分。显示器种类繁多，各式各样。从最传统的阴极射线管（CRT）显示器到液晶显示器（LCD）再到等离子体显示器（PDP），随着科学技术的高速发展，显示技术在不断地进步。上面已讲了液晶显示器，下面谈谈等离子体显示器。

1. 等离子体显示器的显示原理

等离子体发光过程与荧光灯相似，在了解等离子体显示器的原理之前，了解

---

① 几何失真：几何失真就是画面中出现的横线不平、竖线不直、圆线不圆等状况。

② 影像拖尾：液晶显示器显示动态图像时出现的边缘发毛、拖有黑色横条纹的现象。拖尾的形成是由于新的图像帧已经到来，而旧的画面由于液晶本身的响应速度不够快，还处在前一画面的位置造成的。

荧光灯的发光原理是有帮助的。图 9-7 所示是荧光灯发光原理示意图。

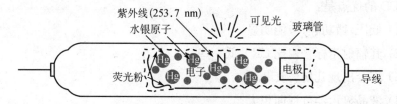

图 9-7　荧光灯发光原理示意图

荧光灯内充有微量的氩气和水银蒸气,在交流电场的作用下,水银电离发出紫外线,从而激发灯管内壁上的荧光粉,进而产生可见光,所涂的荧光物质不同,光的颜色也不同。

可将等离子体电视的显示板想象成许多的小日光灯管排列形成的屏幕,其构造示意图如图 9-8 所示。等离子体显示屏由前后两片玻璃面板组成。前面板由玻璃基层、透明电极和氧化镁保护层构成,并且在电极上覆盖透明电介质层及防止离子撞击介电层的氧化镁层,后玻璃板上有地址电极、电介质层及长条状的间隔壁,并且在间隔壁内侧依序涂布红色、绿色、蓝色的荧光粉,它们组合之后分别注入氦、氖等气体,即构成等离子体显示板。

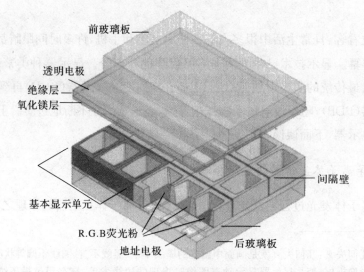

图 9-8　等离子体显示板的构造

等离子体显示板(PDP)是由几百万个像素单元组成的,等离子体发光单元和荧光灯的发光原理类似,每个像素单元中涂有荧光粉,并充有惰性气体,惰性气体在一定电压作用下产生气体放电,形成等离子体,等离子体几乎都是发光的,不仅发出可见光,也发出不可见的紫外线。等离子体可以直接发射可见光进行显示,或者发射紫外线激发荧光粉而发可见光进行显示,这就是等离子体显示的原理,如图9-9所示。

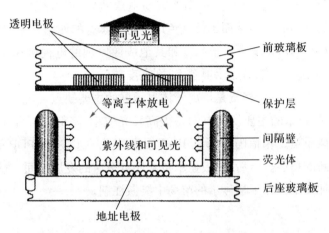

图9-9 等离子体显示原理示意图

2. 等离子体显示的优缺点

PDP的优点是:

(1)易实现大屏幕。

(2)观看视角大。

(3)响应时间快。运动图像拖尾时间短,动态清晰度高。

(4)图像层次感强。显示图像鲜艳、明亮、柔和、自然,清晰度高。

(5)可实现全数字化。传输过程都是数字信号处理,不会产生信号的失真和图像信息的丢失而使图像质量下降。

(6)动态能耗低。

(7)亮度均匀性好。采用自发光显示,全屏亮度均匀,中心清晰度和边缘一致。

(8)抗电磁干扰性能强。不受地磁的影响,不闪烁。

PDP 的缺点是：

（1）等离子体电视机能耗大、发热量大。

（2）PDP 是气体放电显示面板，由于需要放电，电极之间的距离不能太近，所以像素不能做得太大，否则在中小屏幕尺寸上分辨力会较低。

（3）由于采用荧光粉自然发光，荧光粉长时间受激发容易老化。由于高温放电，长时间在同一位置显示同一图像容易造成残影（或称烧屏①）。放电过程中，发光单元会受到溅射，从而不可避免地缩短显示屏的使用寿命。

（4）发光效率和亮度受到限制。和其他成像原理的电视机相比，目前等离子体电视机的亮度比较低，显示屏越大，则亮度越低。

（5）PDP 成本高、价格贵是等离子体显示屏的主要缺点。

今后 PDP 技术的主要发展方向是提高发光效率，降低功耗和生产成本，进一步改善图像质量。相信随着彩色 PDP 技术的进一步发展，PDP 的应用领域还会得到不断的拓展。今后，平板显示技术还有宽广的发展空间，也许只有时间才能证明哪种技术将在平板显示的市场中笑傲江湖。

---

① 烧屏：显示器如果长时间显示某个静止的图像，屏幕上会留下该图像的影子。这是等离子体电视的硬伤。

第十章　梦幻之光

——形形色色的气体放电灯

　　夜幕降临,华灯初上,问苍茫大地,是谁点亮了万家灯火(图10-1)? 那是我等离子体给人们带来了梦幻之光。本章将讲述等离子体发光源,即气体放电灯。列位看客,在上一章我们介绍了等离子体显示,是关于等离子体发光的,这一章仍然是等离子体在光源领域的应用。电灯照亮了千家万户,每一个人对它都不陌生。但是,对日益增多的电光源新品种有人可能不太了解,且听我细说端倪。

图 10-1　万家灯火

一、照明的历史变迁

人类照明的历史，至今已经历了三个发展阶段，即采用日光、月光的天然照明阶段，使用篝火、油灯、蜡烛和煤气灯的火光照明阶段，以及发展到今天的利用电能的电气照明阶段。

看客们，可曾知道，开电气照明之先河者是谁？他就是我们前面提到的英国化学家戴维。

1809 年戴维将 2 000 个电池串联起来，两端引出导线，连在两根碳条上，碳条之间产生了一条长约 10 毫米明亮得刺眼的电光。这条电光由于空气对流的关系稍向上飘，弯曲成弧形，所以称它为弧光或电弧，这一名字一直用到现在。这是人类最早利用电光源的成功尝试。戴维的弧光灯，成本太高，光线太强，只能用于灯塔或公共场合的照明，不可能为家庭日常所用。

直到 1879 年美国发明家爱迪生发明了白炽灯（图 10 - 2），人类才开始进入电光源的照明时代。白炽灯的出现使电开始广泛地用于人类生活，也是照明技术一次革命性的变革。

图 10 - 2　爱迪生和他发明的白炽灯

随着科学技术的进步，电光源不断发展：1931 年发明低压钠灯，1936 年发明荧光灯和高压汞灯。荧光灯是 20 世纪 40 年代以后广泛用于照明的，它的出现是照明技术又一次巨大的进步。

随后,20 世纪 50 年代至 90 年代相继出现了许多新型光源:1959 年发明卤钨灯,1964 年发明金属卤化物灯,1965 年发明高压钠灯,1973 年发明三基色荧光灯,1980 年发明紧凑型荧光灯,1991 年发明高频无极灯等,真可谓群灯灿烂。经过一百多年的发展,目前电光源的品种已超过 3 000 种,规格已达到 5 万多种。品种规格繁多的优质电光源产品的诞生,为人类照明的不断改善创造了良好的条件。

电光源大致可分为三类:第一类是热辐射光源,即通电后使物体温度升高而发光的光源,例如普通的白炽灯以及在它的基础上发展起来的卤钨灯。第二类是气体放电光源,电流通过气体放电而发光的光源,这种光源其实就是等离子体在发光,例如日光灯、高压汞灯等。第三类是固体发光光源,例如场致发光灯、发光二极管等。这里我们介绍第二类电光源即气体放电光源。

气体放电光源按其发光的物质不同又可分为金属类(低压汞灯、高压汞灯)、惰性气体类(如氙灯、汞氙灯)、金属卤化物类(钠灯、铟灯)等。本章对主要的气体放电光源加以讨论,并详细分析其中的微波等离子灯。

二、气体放电灯的结构

各种气体放电灯的基本结构大同小异(图 10-3),都是由泡壳、电极和放电气体构成,外形如图 10-4 所示。泡壳内充有放电气体,可以充惰性气体,也可以充一些金属蒸气或金属卤化物蒸气。接上电源之后,阴极变热,源源不断地发射电子。这些自由电子在外场作用下得到加速,与灯管中气体碰撞,气体产生电离和激发,形成持续的气体放电,产生等离子体。处于激发态的原子回复到基态时就发出光子。也就是说,等离子体对发光做出贡献。

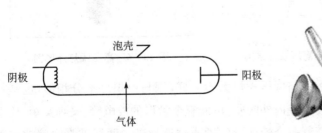

图 10-3 气体放电灯的基本结构

图 10-4 形形色色的气体放电灯

三、常见的气体放电灯

1. 汞灯

汞灯是利用汞蒸气产生光辐射的。采用不同汞蒸气压强可以制成三种气体放电灯。换句话说,汞灯有三兄弟:

老大荧光灯,利用低压汞蒸气制成。在玻管两端各有一个钨螺旋阴极,表面涂覆氧化物用来发射电子。管壁涂荧光粉将气体辐射的紫外线转变成可见光。前面已多次提到的日光灯,直到今天还是使用最普遍的气体放电灯之一,大家对它也比较熟悉,这里不再赘述。

老二高压汞灯(图 10-5、图 10-6),采用石英或高硅氧玻璃制成,可适应管壁的高温(一般可达 350℃～500℃)。汞蒸气压强根据用途而定,从 0.5 个标准大气压到 8 个标准大气压不等。从发明时间来看,高压汞灯比低压汞灯还早,称得上是低压汞灯——荧光灯的"兄长",实际上高压汞灯应称老大。

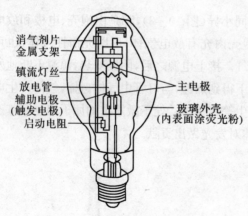

消气剂片
金属支架
镇流灯丝
放电管
辅助电极
(触发电极)
启动电阻

主电极

玻璃外壳
(内表面涂荧光粉)

图 10-5　自镇流高压汞灯结构

图 10-6　高压汞灯外形图

从外貌上看,高压汞灯与低压汞灯大不一样,倒与白炽灯十分相似,也是一个螺丝灯头式的灯泡,玻壳分内外两层:里面有个管形的放电管,又细又短,比手指头大不了多少;外面套着一个椭球形的硬质玻璃外壳。两层玻壳之间抽成真空,或者充进惰性气体。

外玻壳包着放电管,起着保护的作用,一方面防止被脏物污染,另一方面减少热量损失,减轻外界的影响,使放电管保持一定温度,工作更加稳定可靠,灯光更加明亮柔和。

细心的人,可能观察过马路两旁高压汞灯逐渐点亮的过程。高压汞灯刚点亮时,人看到的只是一个暗弱的紫红色光斑;之后光斑变细变亮,转为蓝绿色,发光强度逐渐增加,最后变成白色。这是什么原因呢? 原来,高压汞灯的放电管里,有汞还有氩气。灯刚点亮时,温度较低,汞蒸气少,只是氩气电离放电发光,所以呈紫红色。5 分钟后,随着放电管内温度的升高,汞蒸气增多,气压增大,汞原子参加放电,电弧收缩变亮,光色变为蓝绿。以后灯光越来越白亮,大约 10 分钟后才完全正常。

高压汞灯的优点是发光效率高,使用时间长;体积小,比低压汞灯小得多;发光功率大,往往可达几百甚至上千瓦。但是高压汞灯的光色蓝绿,不讨人喜欢,不能直接用来照明。

老三超高压汞灯。超高压汞灯的性能特点是:汞蒸气压强较高,在 $10\sim20$ 个标准大气压之间,甚至可达 200 个标准大气压。汞蒸气压强愈高,灯的发光强度和发光效率也越高,可见光部分愈丰富。两个放电电极之间的距离很近,只有几毫米到十几毫米,发出的光又强又集中,电弧中心的亮度要比一般荧光灯的亮度强几十万倍,跟太阳的亮度差不多,而且光色也更接近日光。超高压汞灯的光亮度较大,应用在液晶投影器、探照灯方面。但是,超高压汞灯的使用寿命一般比高压汞灯的寿命短。

超高压汞灯的发光原理是:灯管加上电压后,极间产生高电势差的同时产生高热,将汞汽化,汞蒸气在高电势差下,受激发而放电,内部的卤素元素,就有催化及保护的功用。灯启动时,先在电极间加上脉冲高压,形成辉光放电,继而形成弧光放电,发出耀眼的白光,灯可制作成交流或直流工作方式。

超高压汞灯是一种高亮度的光源。目前制成的超高压汞灯主要有两种形式:一种是球形超高压汞灯,另一种是毛细管超高压汞灯。有人会问:为什么要做成两种形式呢? 回答是:随着气压和电弧放电功率的增加,灯的热量耗散也增大。为了不使泡壳过热,可采用两个方法处理。一是增大泡壳表面积,减轻管壁负荷,并且使泡壳远离电弧。采用这种方法制成的就是球形超高压汞灯。二是采用强迫风冷或水冷,这就是毛细管超高压汞灯。

球形超高压汞灯的灯体部分,用石英玻璃制成,灯内封有两个距离很近的电极,放电区只有黄豆那么一点大,玻壳也不过像一只乒乓球,如图 10-7、图 10-8 所示。

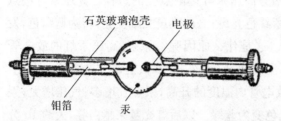

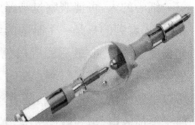

图 10-7 球形超高压汞灯结构示意图　　　图 10-8 球形超高压汞灯外形图

灯工作时,球体部分温度高达 700℃~800℃,灯内的汞全部汽化,两电极间形成光强很高的光斑,是较理想的点光源。球形超高压汞灯现在已广泛地用在机车上作车头灯,用在船舶上作照明灯和探照灯,还用作荧光显微镜、半导体光刻以及各种光学仪器上的光源。

毛细管超高压汞灯是一种在很高的电场强度下工作而获得高亮度的光源。它因灯管呈毛细管形而得名,其结构如图 10-9、图 10-10 所示。

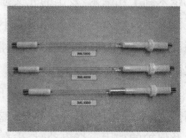

图 10-9 毛细管超高压汞灯结构示意图　　图 10-10 毛细管超高压汞灯外形图

列位看客,可见低压、高压、超高压汞灯三兄弟,正在越来越普遍地深入人们生产和生活的各个角落,千家万户都有它们的身影,三兄弟各尽所能,各施所长,放射出适用于各种场合的柔和、明亮乃至耀眼的光芒。

2. 钠灯

上了岁数的人可能还有印象:20 世纪 70 年代,每当夜幕降临,北京长安街上便亮起了万盏明灯——高压钠灯,金色光芒照耀着首都街道和夜空,好像满城满地铺黄金。

大家知道,霓虹灯和氙灯里充的是惰性气体,汞灯里装有液态的水银,现在呢,连固体的钠金属居然也进入了灯管。

以钠作为气体放电物质的灯统称为钠灯。钠灯可以分为两种:低压钠蒸气放电灯叫低压钠灯,高压钠蒸气放电灯叫高压钠灯。虽然钠灯与汞灯各有特殊的性能,但都是金属蒸气放电灯,因此两种灯又有许多相似之处。钠灯和汞灯几乎是同时发展起来的气体放电光源。汞灯有低压、高压之分,钠灯也有低压、高压两类。

低压钠灯(图 10-11、图 10-12)里充的是少量的金属钠和由氖气、氩气组成的混合气体。钠灯一通电,氖气首先放电,发出红光。放电产生的热量使钠熔化,蒸发变成钠蒸气,并且逐步代替氖气放电发光。

图 10-11　低压钠灯外形

固定弹簧　外玻壳　放电内管　电极　灯头

图 10-12　低压钠灯结构图

低压钠灯是发光效率最高的常用可见光光源。低压钠灯的主体为一只由特殊的能够耐钠腐蚀的玻璃制成的放电管,管里充的是少量的金属钠和氖-氩混合气体。电极由绕成线圈的钨丝构成,钨丝中掺杂有热发射材料。钠灯工作时,玻璃管内的温度必须达到 300℃,因此,玻璃管一般弯成紧凑的 U 形,或者改变灯管的横截面形状,并且封装在一个球状真空灯泡内,就像给人穿件大衣一样,从而保存热量。真空灯泡体的内表面涂有锡氧化物或铟氧化物,以反射红外光而透过可见光,从而减少热量损耗。低压钠灯启动时,首先要进行低气压气体放电。这一放电过程只会产生暗淡的红光,放电产生的热量使钠熔化,蒸发变成钠蒸气,随后,随着管内压力增加,高压金属蒸气被电离,产生强烈放电,从而发出高强度光线。一分钟后,发光强度剧烈增加,低压钠灯随之进入工作状态。

由于低压钠灯发出的光几乎全是黄光,这种单色光的色显性很差,而且照射在目标上会使目标显得比较暗淡,所以这种灯大多用在光学仪器里,作为偏振计、旋光计、折光仪等的单色光源。但是,因为黄光穿透云雾的能力很强,所以低压钠灯可用于船舰信号以及港口、机场照明。

高压钠灯（图 10 - 13）比低压钠灯更小，一只 400 W的高压钠灯只有一支钢笔那么大。它与高压汞灯有很多相似之处。

图 10 - 13　直管型高压钠灯

高压钠蒸气灯的主体为一个由半透明陶瓷材料（多晶氧化铝）制成的内部放电管。与其他高强度放电灯（HID）一样，这种放电管外部也罩有一个玻璃灯泡。在这一陶瓷放电管内充填有氙气、少量金属钠和汞。高压钠灯发射的光为橘黄色，其发光效率远高于汞灯或者卤素灯，为荧光灯发光效率的 2 倍左右，约等于白炽灯的 10 倍，差不多 3 倍于高压汞灯。在相近的照明效果下，钠灯比汞灯可节省一半以上的电力，对一个城市乃至一个国家来说，节省的能源是相当可观的。

长寿是高压钠灯的又一个长处，它可以点亮几千个小时。道路照明，首先应该考虑的是发光效率高、经济和长寿命，其次才是光色和显色性，所以高压钠灯被认为是最有前途的照明灯，20 世纪末我国许多大城市的街道已经用上了高压钠灯。

在电光源的发展史上，高压钠灯的出现是一次重大突破。

3. 氙灯

除了利用金属蒸气放电制成高效率的光源外，还可利用高压、超高压惰性气体的放电现象，制成另一类高效率的光源，其中以氙灯最为常用。

氙灯也有三个兄弟，长弧氙灯、短弧氙灯和脉冲氙灯。

氙灯在结构上有自然冷却和水冷却两种，后者比前者多了个水冷套。图 10 - 14(a)是水冷长弧氙灯结构示意图，图 10 - 14(b)是短弧氙灯结构图。同普通荧光灯一样，长弧氙灯也是管状的。灯管用石英玻璃制成，内充纯度很高的氙气，两头封接两个钍钨或钡钨电极，灯管比一般荧光灯管还长。

长弧氙灯要用触发器来启动，因为灯的工作电压太低，不足以使灯内的气体电离放电。

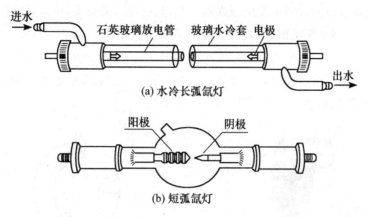

图 10－14　氙灯的结构

触发器产生的高压脉冲加到灯的两极上,在灯管里形成火花放电通道,同时加热电极发射大量热电子,灯就点亮发光。灯点亮后触发器就停止工作,不用镇流器,直接接入电网便能形成稳定的弧光放电。

氙气放电能发出很强的弧光,光谱跟日光非常接近,这是它最重要的特点,也是汞灯不能比拟的。人们因此称它为"人造小太阳"。(请注意,前面讲的受控核聚变也有人叫"人造小太阳",两者不要混淆。)氙灯是目前最亮的人工光源。如果在一个广场上点起一只大功率的氙灯,那真像是在黑夜中升起一个小太阳。列位看客,当你们在欣赏和赞美这些灿烂夺目、华光四射的新型光源时,可不要忘了我等离子体的功劳啊!

4. 脉冲氙灯

脉冲氙灯与高压汞灯、短弧氙灯等连续发光光源不同,它能在极短时间内发出很强的光。由于脉冲氙灯发出的光像闪电一样一闪而过,所以常常又称它为闪光灯。

脉冲氙灯有两个优点:第一,脉冲氙灯可以产生连续光源难以获得的极强瞬时功率,从而获得极强的瞬时光输出;第二,脉冲氙灯不像连续光源那样一直点燃着,因此与连续光源相比,脉冲氙灯不但所消耗平均功率较低,而且对被照的目标和环境影响也比较小。

就目前已有的各种光源而言,除激光器外,脉冲氙灯是最亮的光源。由于脉冲氙灯能在很短的时间里发出很强烈的光，具有很高的亮度，所以它已广泛地被用作摄影（特别是高速摄影）光源、曝光光源。

现代照相机上都配备一个轻便实用的闪光灯，举起照相机，"咔嚓"一声，闪耀的白光照亮了被照对象，拍摄的照片就很清楚。这种闪光是从"万次闪光灯"发出的，它就是脉冲氙灯的一种（图 10-15）。

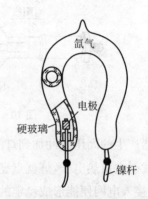

图 10-15　配备闪光灯的照相机　　　　图 10-16　照相用万次闪光灯

图 10-16 是一只照相用的脉冲氙灯，即通常所说的万次闪光灯。这种灯用硬质玻璃制成，电极采用螺旋钨丝，并涂有电子粉[①]。万次闪光灯的光色与日光相近，适用于彩色摄影，是新闻摄影中最常用的光源之一。

功率较大的脉冲氙灯，如图 10-17 所示，其外壳用石英玻璃制成，电极是钍钨，这种灯的光输出很高，在激光技术中常作激光器的激发源。当脉冲氙灯的强光照射红宝石时，红宝石将产生激光。

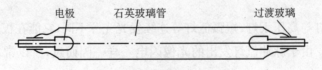

图 10-17　管状脉冲氙灯

①　电子粉：是电光源行业对特定阴极发射材料的统称。通常，行业内说的电子粉主要是供节能灯及荧光灯用的灯丝粉，起发射电子和延长阴极寿命的作用。

四、金属卤化物灯

金属卤化物[①]灯(图 10 - 18)是 20 世纪 60 年代在高压汞灯和卤钨灯的基础上发展起来的新型高效光源。它的光效高,光色好,而且可以根据不同需要设计制造出需要的光色,用途多样,可谓"青出于蓝而胜于蓝"。它的问世同 1879 年爱迪生发明白炽灯和之后出现的日光灯有同样的意义,因而已从照明深入各行各业,正处于蓬勃发展的阶段。目前,其品种越来越多,用途更加广泛。

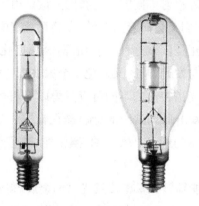

图 10 - 18　金属卤化物灯

1. 金属卤化物灯的基本原理和分类

我们知道,高压汞灯发出的可见光光色偏蓝绿,缺少红光。为改进高压汞灯的光色,人们最初是将一些金属加到高压汞灯的电弧管中,以使这些金属原子像汞一样电离、发光,发出自己的特征谱线以填补汞的特征谱线中的空白。但是,这一试验没有成功,有两个原因:一是大多数金属的蒸气压太低,这样只有极少的金属原子参加放电,不能产生有效的辐射;二是在高温下,许多金属会与石英玻璃发生化学反应,使石英玻壳损坏。

---

① 卤化物:在含有卤素(氟、氯、溴、碘)的二元化合物中,卤素呈负价的化合物称为卤化物,包括氟化物、氯化物、溴化物、碘化物等。按组成卤化物元素的属性分为金属卤化物和非金属卤化物。

直到 20 世纪 60 年代初，人们才成功地将多种金属以卤化物的方式加入高压汞灯的电弧管中，较好地解决了这两个难题。所谓"青出于蓝"，是指金属卤化物灯的基本电性能和高压汞灯相同，汞弧放电决定了它的电性能和热损耗，而充入灯管内的低气压金属卤化物，决定了灯的发光性能。

金属卤化物灯的原理是：灯在工作时金属卤化物会不断地产生分解和复合的循环，这个循环的过程即灯的发光原理。金属卤化物在管壁工作温度（1 000 K 左右）下大量蒸发，并向电弧中心扩散。在电弧中心高温区（约 4 000～6 000 K）金属卤化物分子分解为金属原子和卤素原子，金属原子参与放电，产生热激发，热致电离，并向外辐射不同能量分布的光谱。由于电弧中心金属原子和卤素原子的浓度较高，它们又会向管壁扩散，在接近管壁的低温区域又重新复合形成金属卤化物分子。正是依靠这种往复循环，金属卤化物灯不断向电弧提供足够浓度的金属原子参与发光，同时又避免了金属在管壁的沉积。

金属卤化物灯按其光谱特性的不同可以分为以下四类：

（1）将几种可见区发出强光谱线的金属碘化物按一定比例组合，做成白光或其他色彩的灯。最典型的例子是碘化钠、碘化铊、碘化铟组合的灯（简称钠铊铟灯）。

（2）利用在可见区能辐射大量密集线光谱的金属，得到类似于日光的白光，最典型的例子是碘化镝-碘化铊灯，其显色性和光效都很高。

（3）利用高气压的金属蒸气放电或利用分子发光产生连续辐射，获得白光，超高压铟灯和氯化锡灯都属于此类。

（4）利用共振辐射很强的金属蒸气产生色纯度很高的光，如碘化铊-汞灯。

2. 金属卤化物灯的结构和优缺点

有的金属卤化物灯基本结构与高压汞灯差不多，大小和形状也与同功率的高压汞灯相似。石英放电管内装有两个主电极和一个辅助启动电极，内部充有一定量的汞和一种或几种金属卤化物（通常为碘化物），同时也充入惰性气体。电弧管用支撑架安置在外泡壳轴心位置，但外泡壳一般不涂荧光粉。灯刚启动时，先在辅助极和主电极间产生低压惰性气体辉光放电，随着汞和金属卤化物的不断蒸发，再建立起主电极间的高气压弧光放电，灯内汞的蒸气压可达几个标准大气压，由此可见，灯在工作时，电弧内汞的蒸气压比金属卤化物的蒸气压要高得多。但是在金属卤化物灯中,因为汞的平均激发电势较所用金属的高,所以汞的辐射所占的比例很小,金属的光谱强度远远超过了汞的光谱强度。

金属卤化物灯的优缺点:

金属卤化物灯的最大优点是发光效率特别高,光效高达 80～90 lm/W,正常发光时发热少,因此是一种冷光源。显色指数特别高,即色还原性特别好。另外,金属卤化物灯的色温高,在同等亮度条件下,色温越高,人眼感觉越亮,所以金属卤化物灯亮度高、体积小。作为后起之秀,金属卤化物灯前程似锦。可它毕竟是一类发展中的灯,锋芒初露,不够成熟,像"金无足赤,人无完人"一样,金属卤化物灯还是有缺点的,有的稳定性不好,有的寿命较短,有的启动困难,有的装置复杂,等等。总之,还有一系列的技术问题有待解决。

五、中国的电光源专家——蔡祖泉

上面谈了各种气体放电灯后,我们不能不介绍一下为我国电光源事业做出杰出贡献的专家蔡祖泉(图10-19)。

蔡祖泉(1924—2009,浙江余杭人)最初是从一个学徒工走上光源研究道路的。20 世纪 60 年代,自学成才的蔡祖泉创建了我国第一个电光源实验室,开始了该领域的系统研究。1961 年,蔡祖泉与同伴们初探我国科学家的"空白领域"———电光源,着手研制国内的高压汞灯。他的发明有:

图 10 - 19 中国电光源专家蔡祖泉像

1963 年研制成功我国第一只高压汞灯;1964 年研制成功 1 000 W 卤钨灯,此后又陆续研制出脉冲氙灯、氢弧灯、氦光谱灯、超高压强氙灯、充碘石英钨丝灯、超高压强汞灯、H 型节能荧光灯等十几类照明光源。其中,1964 年 100 kW 的长弧氙灯在上海人民广场点亮,引起了巨大的轰动,有人将它称作"人造小太阳";25 kW 水冷电极短弧氙灯被用作"太阳模拟器"的光源。自 1985 年起,开发了中国人自己的系列节能荧光灯。

蔡祖泉致力于科学研究的同时,还从事学术论文写作和国际交流,指导研究生的教学。

由于科研和教学等方面的卓越贡献，蔡祖泉于20世纪60年代被评为上海的革新标兵和劳模标兵，曾获得国家科技进步三等奖、国家发明二等奖、国防部重大科技成果二等奖等奖项。他被誉为"中国的爱迪生"、"中国照明之父"、"中国电光源之父"。2018年2月28日，"中国电光源之父"蔡祖泉先生的铜像在他长期工作过的复旦大学揭幕，让一代代学子敬仰。

六、等离子体发光球

下面介绍一种青少年朋友感兴趣的东西。

爱玩手机游戏的青少年朋友们可能知道，有一款手机游戏叫"等离子体发光球"或"等离子体球"，英语名称是"Plasma Globe"，这是一款神奇漂亮的益智游戏。游戏操作很简单，就是触摸屏幕然后观察流光溢彩的"电子螺旋"跟随你的手指而游动。

我这里介绍的不是游戏，而是一种真实的演示器具。在科技馆或在物理实验室里，青少年朋友们可能看到过它神奇的表演，它也叫"等离子体发光球"，或者称为"辉光球"（等离子电离球），如图10-20所示。独特的动态光影视觉效果带来不一样的体验！接通电源可见从球心向四周发射出淡紫色的"触角"，触角不断游动，变幻多姿，炫酷而美丽，若在等离子体发光球上触摸，可以释放出梦幻般的"电子束"，随着手游动扭曲，让你的眼睛"流连忘返"（图10-21）。

图10-20　等离子体发光球　　　图10-21　等离子体发光球的表演

等离子体发光球的表演说明，等离子体不仅在照明行业获得了广泛应用，还登上了艺术表演的舞台。等离子体发光球的发明可以追溯到尼古拉·特斯拉。

特斯拉是什么人呢？在这里，我暂且按下等离子体发光球不表，来说一说尼古拉·特斯拉的生平简历。

尼古拉·特斯拉（Nikola Tesla，1856—1943，图 10-22），是世界知名的发明家、物理学家、机械工程师和电气工程师。塞尔维亚血统的他出生在克罗地亚。特斯拉被认为是历史上一位重要的发明家。他在 19 世纪末和 20 世纪初对电和磁做出了杰出贡献。

图 10-22　尼古拉·特斯拉像

1856 年 7 月 10 日，尼古拉·特斯拉生于前南斯拉夫克罗地亚的斯米良，他父亲是牧师，母亲是打蛋器的发明者。年轻时的特斯拉就非常聪明，可以在脑子中飞快地完成复杂计算。特斯拉能流利地说多种语言。除了克罗地亚语外，他还会说 7 种语言：捷克语、英语、法语、德语、匈牙利语、意大利语、拉丁语。

中年时特斯拉与美国著名作家马克·吐温成为亲密的朋友，他们在实验室和其他地方共度了许多时光。特斯拉在美国历史上的名声可以媲美任何其他的发明家或科学家。1893 年他展示了无线电通信之后，就成为美国最伟大的电子工程师之一而备受尊敬。许多他早期的成果变成现代电子工程的先驱，而且他的许多发现极具开创性。

他是世界著名的天才发明家，一生有很多重大发明。交流发电机就是他发明的，特斯拉线圈也是他发明的，他的梦想就是给世界提供用之不竭的能源。特斯拉从不在意他的财务状况，于穷困且被遗忘的情况下病逝，享年 86 岁。虽然他是一个绝世天才，但很遗憾没有多少人记得他。

特斯拉最初发明了等离子体灯，他在玻璃电子管内通以高频率的电流，来研究高电压现象。

下面，我们书归正传，谈谈等离子体发光球的构造和原理。

等离子体发光球的构造是这样的：最常见的等离子体发光球为球形或者圆柱形。虽然种类繁多，但通常是一个透明的玻璃球，充以惰性气体的混合物——最常用的为氖气和氙气，有时会采用低压的氩气和氖气（低于 0.01 个标准大气压），通以由高压变压器产生的高频率高电压的交流电（35 kHz，2 kV ~5 kV）。

另一个较小的黑色球体位于其中央作为电极,球的底部有一块振荡电路板,通过电源变换器,将低压直流电转变为高压高频电加在电极上。通电后,振荡电路产生高频高压电场,由于球内稀薄气体受到高频电场的电离作用而光芒四射,因为电极上电压很高,故所发生的光是一些辐射状的辉光,绚丽多彩,在黑暗中非常漂亮。丝状等离子体从内部的电极延伸至外面的玻璃绝缘外壳,呈现出多条彩色光线束。这些彩色光带若隐若现,变幻莫测、神秘氤氲而令人陶醉。当用手(人与大地相连)触及球时,球周围的电场、电势分布不再均匀对称,故辉光在手指的周围变得更为明亮。

等离子体发光球的原理是这样的:球通电后,球内的稀薄气体受到高频电场的电离作用而生成等离子体,等离子体产生辉光。又由于电极上电压很高,所以光线呈放射状,且绚丽多姿。球通电时,在球中央电极周围形成一个类似点电荷的场,当用手触及球壳时,影响球周围的电场分布,所以,产生的丝状光束会随着手的触摸移动。

不过我也要提醒大家注意潜在的危险:把电子设备(比如计算机鼠标)靠近或者放置在等离子体发光球上面时要特别小心,不光玻璃壳会发热,高电压还会导致设备上积存大量静电,即使有塑料保护外壳也一样。

现在已有用 USB 供电的等离子体发光球,如图 10-23 所示,其电压为 5～12 V,直接插在电脑 USB 接口上就能用,可作为馈赠亲友的礼品,或者作为儿童玩具。

图 10-23　USB 供电的等离子球

七、微波等离子灯

各类放电灯失效的主要原因都是电极劣化。在放电过程中,暴露于等离子体中的电极上会发生许多复杂的反应。同时,电极表面也会持续受到电子和离子的轰击。另外,当电极被加热后,放电管内的气体或杂质也可能会与电极发生反应。重离子轰击电极溅射出来的原子会沉积在玻璃管内壁并造成玻璃管发黑。由于这种发黑现象仅局限于玻璃管末端的电极附近,因此不会造成严重影响,但是最终整个电极都将消耗殆尽。为了解决电极所导致的各种问题,照明专家研制出不需要电极的放电灯(无电极灯)。

微波硫灯(图10-24)是无电极灯中的一朵奇葩,它利用2 450 MHz的微波来激发石英泡壳内的发光物质——硫,使它产生可见光,用于照明。微波硫灯也称为微波等离子灯。应用等离子体发光的气体放电灯有许多种,真正叫作等离子灯的就此一种。

图10-24 微波硫灯外形图

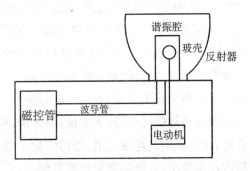

图10-25 微波硫灯的工作原理示意图

微波硫灯的工作原理和结构示意图分别如图10-25和图10-26所示,它主要包括5部分:电源控件——双变压器电路或变频电源;微波发生器——产生

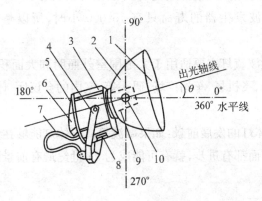

1—配光玻璃;2—反射器;3—灯箱;4—支承架;5—后盖板;6—进风罩;7—电源连接线;8—出风罩;9—屏蔽网罩;10—石英泡。

图10-26 微波硫灯的结构示意图

微波的磁控管①；微波传输部件——波导；微波谐振腔②——金属网罩；发光体——装有硫粉末和氩气的石英玻壳。

发光体是一个直径约 30 mm 的球状石英玻壳，玻壳置于一个由金属网做成的微波谐振腔中，一个磁控管发射 2 450 MHz 的微波，通过波导管馈入谐振腔。微波硫灯发出的大部分光可以穿过金属网向外辐射。此外，玻壳还需要在高速电动机带动下旋转，一是为了让等离子体分布更均匀，减少光闪，提高光照的均匀性，二是为了降低石英玻壳的温度防止爆裂。

微波等离子灯的工作原理是：灯刚点燃时，氩气被激发放电而发蓝光。氩原子放电产生的热量和微波能量共同作用使固态硫粉蒸发，形成硫蒸气。微波能量激发硫蒸气放电，使其形成高温等离子体并连续发出白光，光团由小变大，逐渐弥漫至整个石英玻壳，直到放电稳定趋于平衡。

微波硫灯的优点是：无电极，不含汞，利于环保。发光效率高，节约能源。光色好，接近太阳光连续光谱，光谱能量主要集中在可见光区域，紫外和红外辐射所占比例很小，人眼感觉更舒服自然。

微波硫灯的缺点是：制造成本较高。实际产品的光效不如金属卤化物灯高。微波硫灯由多种电器部件组成，其相互间匹配及部件寿命对可靠性影响很大。例如，尽管微波硫灯的放电管本身寿命可以做得很长（约 60 000 小时），但目前采用磁控管的微波发生器的寿命只有 15 000 小时，所以整体的寿命就不会很长。

鉴于上述，微波硫灯主要适用于大范围室外照明和大面积室内照明。如室外的广场、运动场、飞机场、车站广场、码头等；室内的会议厅、体育馆、博物馆、大型车间、商场等。

微波等离子体灯的发展前景：如果微波等离子体灯能够在光色、体积、结构、价格、可靠性各方面都有进步，就有可能成为 21 世纪最有前景的光源之一。

---

① 磁控管：磁控管是一种用来产生微波能的电真空器件。它实质上是一个置于恒定磁场中的二极管。

② 微波谐振腔：谐振腔是微波谐振系统，一个封闭的金属导体空腔可以用作微波谐振腔。实际使用的谐振腔要与外电路连接，即谐振腔必须有输入端口或有一个输入端口和一个输出端口，通过这些端口使谐振腔与外电路相耦合以进行能量交换。

第十一章　为国家建设做贡献

——等离子体的工业应用

列位看客,前几章介绍的仅是等离子体应用的一部分,这一章讲一讲等离子体的工业应用,你们将可看到我等离子体也在为国家经济建设做贡献。

等离子体在工业上早已获得应用。事实上,远在"等离子体"这个词出现之前,也就是在 19 世纪末出现的电弧焊中,我已在金属切割上崭露头角,可以说是等离子体工业应用的前奏。

近年来,人们对等离子体的基本性质和生成进行了深入了解和研究,在此基础上,等离子体的工业应用得到了广泛的发展,若要问我等离子体何以能在工业上大显身手,皆因我身上有几样法宝:

一是等离子体能与固体和气体发生相互作用;二是等离子体能产生高能粒子;三是等离子体能溅射产生金属原子;四是等离子体能高效地将电能转化为热能;五是等离子体能发生化学反应。

由上可知,在制造工业中,我等离子体扮演的角色有:(1) 作为热源。(2) 作为化学催化剂。(3) 作为高能离子流和电子流源。(4) 作为溅射粒子源。

上述几样法宝使我等离子体在工业加工上和相关的科学技术上起着重要的作用。例如电弧等离子体可用作高温热源或光源,用于切割、喷涂、喷焊、钻探、重熔、化学合成等工艺;高频感应等离子体用来重熔晶体、生产难熔单晶体、合成高纯度氮化物和碳化物;用等离子体熔化和精炼金属;等等。

下面举例说明几种卓有成效的等离子体在工业上的应用。

一、等离子体切割金属

一谈到切割金属,人们马上会想到在生产中已习惯使用的切割方法,即电弧切割和氧乙炔切割①的方法。这两种方法早已被人们采用,但是,与等离子炬切割相比,上述切割方法就显得有些逊色了,或者照流行说法,有点 out 了(过时了)。

列位看客,请稍等,让我解释一下什么是等离子炬。

众所周知,由电弧放电产生的弧等离子体,其电流密度大,温度高(相对于金属材料的熔点来说是高温,但这种等离子体仍属于低温等离子体),是一个连续的高温热源。很显然要想把弧等离子体所储存的能量加以利用,必须解决的问题是:如何产生稳定的和持续的弧等离子体?如何对等离子体的能量有效地控制?为解决这些问题,人们研制了等离子炬。等离子炬又称等离子体喷枪,有时也称电弧加热器,它是一种能够产生定向"低温"等离子体(约 2 000~20 000 K)射流的放电装置,属于等离子体发生器。列位看客,殊不知等离子炬的研制与发展还和军事有关哪!下面我说个小故事。

回溯 20 世纪 60 年代,在美苏空间军备竞赛中,导弹技术迅猛发展,导弹返回大气层时与气体剧烈冲击摩擦,从而在导弹周围产生一种冲击离化的等离子体。在这种情况下,为了研究能够承受高温等离子体的材料,实验室开始模拟实验。早期设计的电弧模拟系统是采用纯净的高温气体,并加以高气压来模拟导弹重返大气层时灼热的等离子体环境。许多等离子炬就是从这种模拟空间环境的等离子体射流源中衍生出来的。

等离子炬按放电类型的不同可分为电弧等离子炬、高频等离子炬和超高频等离子炬三种,统称为等离子炬。电弧等离子炬是目前工业上应用最多的一种,它利用电极间电弧放电来加热工作气体,使其产生等离子体,效率高,设备也比较简单。

下面讲一讲电弧等离子炬的结构与工作原理。图 11-1 为电弧等离子炬装

---

① 氧乙炔切割:助燃气体为氧气,可燃气体为乙炔,利用乙炔与氧混合燃烧形成的火焰进行切割。

置核心部分的示意图,可以看出电弧等离子炬主要由一个阴极(阳极用工件代替)或阴、阳两极,一个放电室以及等离子体工作气体供给系统三部分组成。等离子炬按电弧等离子体的形式可分成非转移弧炬和转移弧炬。非转移弧炬[图11-1(a)]中,阳极兼作炬的喷嘴,一般用于金属切割和保护性喷涂中;而在转移弧炬[图11-1(b)]中,阳极是被加工工件,所谓"转移"是指弧离开炬而跑到工件上。转移弧炬一般用于金属切割和加工中。当然也有兼备转移弧和非转移弧的联合式等离子炬[图11-1(c)]。

实际使用的等离子炬都是在核心部分的基础上加上必要的辅助装置(如冷却水路、电源设备等)后构成的。

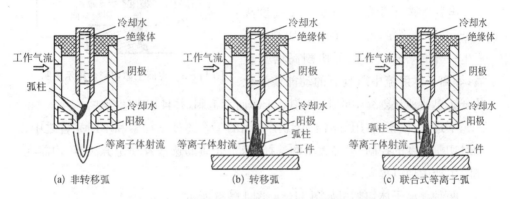

(a) 非转移弧　　　　(b) 转移弧　　　　(c) 联合式等离子弧

图 11-1　电弧等离子炬装置核心部分的示意图

电弧等离子炬是怎样工作的呢?回答是:首先在一电极室中建立起电流密度大、又能持续工作的电弧,经过外加介质的稳定,把弧等离子体变成速度很大的一束等离子体流(称为等离子体射流),由喷嘴向外喷射出去(图11-2)。

图 11-2　直流非转移弧等离子炬

等离子炬切割工件时的情况如图 11-3 所示。

用等离子炬切割金属的基本原理是这样的:在等离子体射流的作用下,待切处的材料迅速熔化,直至其熔化深度等于该金属的厚度。由图 11-3 亦可看出,等离子体射流与工件之间的接触是倾斜的,这是由于等离子体射流的前半段被工件冷却,其温度较后半段低,通过倾斜使有足够的能量来熔化金属。

电弧等离子炬的特点是能量高度集中,压缩后又稳定,所以,在高速切割时可产生一窄的割口,而且可切割高熔点金属;等离子体射流中所具有的动能使熔化的金属迅速地从割缝中吹出,使割缝干净而无毛刺,并且切割速度快。

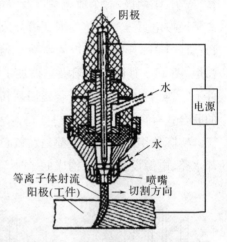

图 11-3 等离子体切割金属示意图

不过,应该指出:用等离子炬切割金属的工艺还处于探索和不断完善之中,如对切割速度的控制、喷嘴大小的选择、稳定介质的选取及稳定方法等,均需在实际生产中加以提高。

两种等离子体切割机如图 11-4、图 11-5 所示。

图 11-4 等离子体切割机外形图

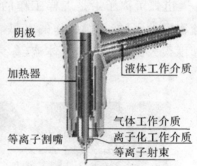

图 11-5 新型的绿色等离子切割机

二、等离子体焊接

列位看客，四大名著《三国演义》开头有一句话："话说天下大事，分久必合，合久必分。"如果说上一节讲的是等离子炬"分"的作用（等离子体切割），那么这一节就要讲等离子炬"合"的作用，即等离子体焊接。过去，一提到焊接，人们立即想到的是电烙铁和自行车修理铺的气焊。实际上现代金属焊接工艺品种繁多，常用的有钎焊、熔焊、电阻焊、激光焊和扩散焊等，而等离子体焊接则独树一帜。

等离子体焊接跟普通的电弧焊接、氧乙炔气焊[①]等相比，最主要的优点是温度高，能焊接难熔金属。它可以分成冷丝等离子体焊接、热丝等离子体焊接、预制型等离子体焊接和粉末焊接。

冷丝等离子体焊接就是将填充金属做成丝状（焊丝）或带状进行焊接的方法。高压阀门和中压阀门的密封面焊接，钴、铬、钨的焊接以及其他一些耐高温耐腐蚀耐磨损零件的焊接，一般都采用这种方法。

热丝等离子体焊接（图 11 - 6）以等离子体弧为热源熔化母材，形成熔池，焊

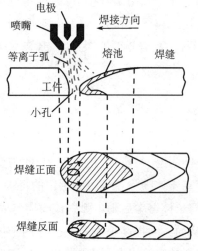

图 11 - 6　热丝等离子体焊接示意图

---

①　氧乙炔气焊：助燃气体为氧气，可燃气体采用乙炔，利用乙炔与氧混合燃烧所形成的火焰进行焊接。

丝位于等离子体弧后面，连续地向熔池给送，并熔入熔池进行焊接。所谓热丝就是在焊丝上接有电源。只要适当调节电流值，焊丝送到熔池时能恰好被本身的电阻加热而熔于池中。

预制型等离子体焊接就是把填充金属根据要求制成一定的尺寸和形状，焊接时，把这种事先预制好的焊接材料放到工件的焊接部位，由等离子体弧加热熔化而焊接于母材上。

等离子体粉末焊接就是将填充金属制成 $0.5 \sim 2.5$ mm 的颗粒粉末，由送粉器敷在工件焊接表面上，形成一定厚度的粉层，然后由等离子体弧加热熔化进行焊接。

上述各种类型的等离子体焊接，可用于焊接钢、铝、铜、钛及其合金等。其特点是焊缝平整，可以再加工，没有氧化物杂质，焊接速度快，生产效率高。然而也有不可忽视的缺点，主要是有强烈的紫外辐射，还有臭氧、二氧化氮等污染，使用时应采取适当的防护措施。另外，等离子喷焊枪的结构比较复杂，灵活性较差。

最近还发展了等离子体微弧新技术。它的工作电流很小，形状如针，因而也称为"针弧"。这种等离子体微弧用来焊接，可以满足近代科学技术中焊接极薄材料的苛刻要求。目前用等离子体微弧可以焊接厚度仅有 0.01 mm 的极薄金属铂，还可以焊接薄的不锈钢、青铜、铬、钛、钼、钨等。这种新技术已应用在飞机、导弹、火箭制造业和仪表工业中。

三、等离子体喷涂

许多设备的部件应能耐磨、耐腐蚀、抗高温，为此需要在其表面喷涂一层具有特殊性能的材料。等离子体喷涂就是将涂层用的特种材料粉末混在电弧等离子体中，然后经高温等离子体熔融后随电弧射流喷向基底材料的表面，使之迅速冷却、固化，形成涂层，从而大大提高喷涂质量。等离子体喷涂也是近年来发展出的一项新技术。等离子体喷涂设备示意图如图 11-7 所示。除了产生等离子体弧所需的工作气体、冷却水和电源之外，还有一个送粉器。采用适当的方法将所要喷涂的难熔金属粉末或非金属粉末输入喷嘴中。它的基本原理是：利用喷枪（图 11-8）产生的 $8\,000\,℃ \sim 15\,000\,℃$ 的高温，将通过粉末输入装置输入喷嘴中的粉末迅速熔化,并以极高的速度将其喷涂在待涂工件上,牢固地附着在工件表面,以提高工件的耐磨、耐腐蚀、耐高温氧化等性能。

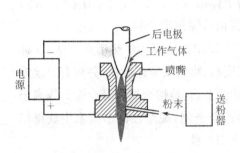

图 11-7 等离子体喷涂设备示意图　　　图 11-8 等离子喷枪的剖面示意图

　　等离子体喷涂(图 11-9)和以往常用的氧乙炔喷涂相比,在结合强度、密度、纯洁度诸方面都具有十分突出的优点,因而得到了广泛应用。特别在火箭和航空发动机的关键部位,喷涂耐热层可节省材料成本,并且提高使用寿命。对大型铁桥等金属建筑构件进行保护性喷涂,可使建筑构件寿命大为提高。

图 11-9 等离子体喷涂工艺

四、等离子体冶金

　　提起冶炼,20 世纪 50 年代我国大多使用平炉和转炉炼钢,少数采用电弧炉炼钢,用小高炉、土高炉炼铁。用这样的小高炉冶炼的生铁,由于温度不够高,往往得不到充分脱氧还原,杂质很多,有些根本不能用。"俱往矣,数风流技术还看今朝"。现在这里要介绍的等离子体冶炼,有三大优点:冶金效率高;允许使用廉价的原材料;环境污染小,是真正的绿色冶金。

等离子体冶金是利用电能产生的等离子弧作为热源的电热冶金方法,又称等离子熔炼。等离子熔炼的特点是熔炼温度高、物料反应速度快,并可有效地控制炉内气氛,因而适合于熔炼、精炼、重熔活泼金属、难熔金属及其合金。等离子体冶金在 20 世纪 60 年代初期最早用于生产合金钢,现今在许多国家中获得广泛应用,显示出该技术在冶金领域的广阔应用前景。

电弧等离子体具有温度高、能量集中、功率可调、气氛可控、无电极损耗、噪音低、设备简单、电热转换效率高等特点,是一种特殊的洁净高温热源,为高质量冶炼提供了优良环境,是特种合金材料冶炼的理想热源之一。

等离子体熔炼工艺示意图如图 11-10 所示。

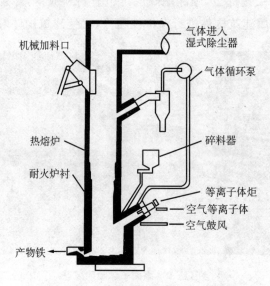

图 11-10 等离子体熔炼工艺示意图

等离子体电弧熔炼炉如图 11-11、图 11-12 所示。

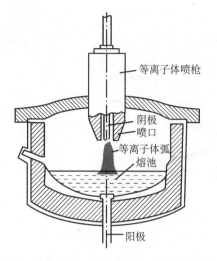

图 11‑11　等离子体电弧熔炼炉示意图

图中标注：等离子体喷枪、阴极、喷口、等离子体弧、熔池、阳极

图 11‑12　等离子体电弧熔炼设备

等离子体熔炼的类型如图 11‑13 所示。

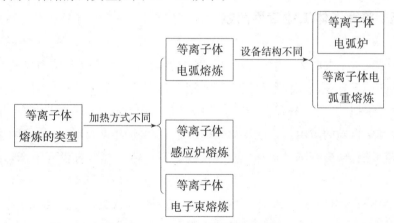

图 11‑13　等离子体熔炼的类型

等离子体电弧熔炼炉的发展:随着炉容量的扩大,为向炉内输入更多的热量,德国的钢厂研制出容量为 35 吨、炉壁四周安装了 4 支等离子体枪的炼钢等离子体电弧炉,如图 11‑14 所示。

等离子体熔炼的优越性是:熔化速度快、热效率高;在等离子体电弧的高温以及等离子流的喷射作用下,金属材料中的气体和非金属杂质可以被充分去除,所获得的金属纯度较高,有的钢材经过等离子体熔炼,其性能可与真空感应炉熔炼的钢材媲美；可以在不同的气氛、压力下工作。

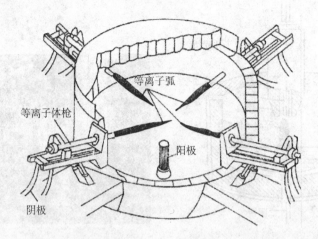

图 11-14　4 支等离子枪的等离子体电弧炉

五、等离子体工业应用前景

在结束本章的时候，还得请列位看客注意，本章前几节所介绍的仅是等离子体应用的一部分，限于篇幅，我们不可能把等离子体工业应用一一列举，这里只是蜻蜓点水似的，挂一漏万。等离子体的工业应用发展很快，备受重视，并在不断开辟和探索新的应用。仅就等离子体冶金而言，近年来发展迅猛，美国、法国、德国、俄罗斯、瑞典等国已经有工业规模的等离子体冶金装置投入生产，并已经取得了巨大的经济效益。等离子体电弧炉与石墨电极电弧炉相比有如下的优点：取消了石墨电极，不仅降低了冶炼成本，还使金属或合金熔液更加洁净；高速等离子体射流对金属或合金熔液的冲击强化了金属或合金熔液的搅拌，提高了金属或合金熔液的质量；气氛可控制为氧化、还原、中性，更好地满足了冶金的各种要求。

总之，等离子体在工业方面应用的前景是极其广阔的，潜力是相当大的。期望不断成长起来的年轻一代进一步开发和探索我等离子体更多的应用领域，让我发挥更多的作用，为祖国的建设事业贡献力量。

第十二章　插上腾飞的翅膀
——等离子体在微电子工业上的应用

在当今信息社会里，几乎人人都离不开集成电路(IC)，从身份证到银行卡，从电脑到手机，无不包含 IC。目前，集成电路正向高集成度、高可靠性、低成本方向发展，实现这一目标的关键是半导体工艺的提高。半导体集成电路(图 12－1、图 12-2)工艺的主要原理是：利用等离子体与固体表面相互作用，产生物理和化学变化。20 世纪 80 年代等离子体进入微电子工业器件制造领域，随后等离子体技术成为集成电路制造工艺中的关键技术；如今，30％的制造工艺要用到等离子体。国内外在微电子工业中应用等离子体的技术及设备研制进展迅速，有人预言：未来所有计算机(包括光计算机)及其他电子工业都将依赖等离子体加工。

图 12－1　半导体集成电路外形

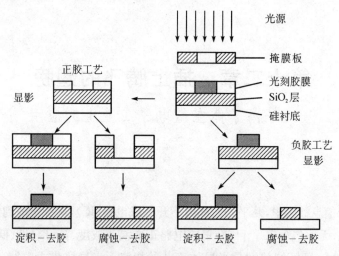

图 12-2　集成电路工艺示意图

半导体集成电路工艺中等离子体参与的反应,一般有如下三种类型:

(1) 固体与气体反应生成新的气体,如去胶、显影和刻蚀等;

(2) 两种气体反应生成固体和新的气体,如淀积和聚合等;

(3) 气体与固体反应,在固体表面形成新的化合物,如阳极氧化等。

看客须知,制造半导体集成电路的工艺是很复杂的,要经过几十道工序,最后才能在半导体基片上按一定的图形和结构制造出所需要的电路来,这正是巧夺天工的工艺,造出奇幻的小小"魔块"。在这里把这些工序全部表述是不可能的,也无必要。"百花齐放,单表一枝。"我不想让列位看客纠缠在繁琐的工艺过程和过多的专业词汇中,只把其中几项主要的工序的大概加以介绍,彰显等离子体所起的重要作用。

一、去胶

在集成电路制造工艺中,应用等离子体技术使湿法工艺发展成为干法工艺。在去胶过程中,用氧等离子体来去除光致抗蚀剂膜,去胶一般采用圆筒形装置,先将反应室抽真空,送入氧气,由工作压力加高频放电形成激发态的氧和原子态游离基氧,这些化学性质极为活泼的产物与光刻胶(即感光胶,是一种高分子化合物）反应生成挥发性的低分子化合物,并被真空泵抽走。等离子体去胶和以往使用化学溶剂的湿法去胶相比,具有无污染、生产效率高、操作简便和成品率高等优点,是目前得到广泛应用的一种较成熟的工艺。

二、显影

随着集成电路集成度的提高,微细加工最小线宽要求达到 $1\sim 2\ \mu m$,甚至小于 $1\ \mu m$。以往用显影液湿法显影,由于线条膨胀而不能显影微细图形。等离子体显影(图 12-3)是利用抗蚀剂已曝光部分和未曝光部分在等离子体中的腐蚀速度不同来获得抗蚀剂图形的,它主要利用离子物理溅射作用,故可显影微细图形,关键是要找到一种合适的抗蚀剂[①]。

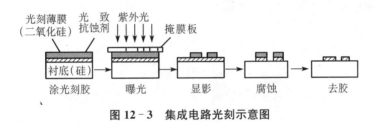

图 12-3　集成电路光刻示意图

三、刻蚀

在大规模集成电路的制备中,需要在基片上制作各种电路。刻蚀是把需要的电路保留下来,其余部分刻蚀掉,传统做法为化学溶液湿法刻蚀,即用酸碱溶液腐蚀,刻蚀出的图形的线较宽并有严重污染。过去的这种刻蚀技术工艺复杂,技术上可靠性差,重复性差,经济上费工费时,代价很高,因此迫切需要寻求工艺简单、加工精度高的刻蚀技术,于是干法刻蚀技术应运而生。等离子体干法刻蚀和以往用化学溶液的湿法腐蚀相比,图形加工精度高,因而可以进行微米级微细线条的加工,而且它还能在工件(芯片)表面形成保护膜。

---

① 抗蚀剂:光致抗蚀剂简称光刻胶或抗蚀剂,指光照后能改变抗蚀能力的高分子化合物。辐照可使其产生化学或物理变化而形成图形。

等离子体刻蚀促进了集成电路芯片的微型化。现在刻蚀的精度已达到亚微米级,可以把 0.2 μm 宽、4 μm 深的槽通过这种等离子体技术刻在硅片上。

我们以硅基片为例,讲一讲等离子体刻蚀的大致做法:将制有图形的 Si_3N_4 基片放入反应性等离子体中并施加射频偏压,反应性离子在鞘层电场的作用下,入射到 Si_3N_4 上的裸露部分并进行刻蚀化学反应。随着放电过程的不断进行,位于 Si、N 层下面的 SiO_2 也受到刻蚀,从而制备出所需的图形。

等离子体刻蚀系统原理结构图如图 12-4 所示。在硅片的上方将刻蚀气体引入等离子体源的腔室,气体流量由能自动快速开关的控制阀控制。有两套射频电源:第一套射频电源的工作频率为 13.56 MHz,通过电感耦合线圈使得刻蚀气体辉光放电,产生高密度的等离子体($n > 10^{10}/cm^3$),等离子体扩散到刻蚀腔,在第二套射频电源的作用下对半导体基片进行刻蚀。一款等离子体刻蚀机外形如图 12-5 所示。

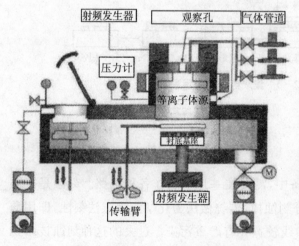

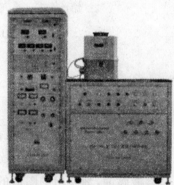

图 12-4 等离子体刻蚀系统原理结构图　　图 12-5 等离子体刻蚀机外形

(引自余金中编著,《半导体光电子技术》,第 201 页)

等离子体刻蚀装置有两种类型:圆筒型和平行平板型。

1. 圆筒型反应器(如图 12－6 所示)

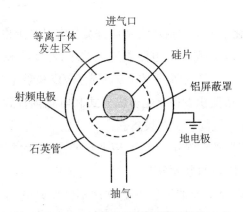

图 12－6　圆筒型反应器示意图

圆筒型反应器主要利用氧等离子体。反应器中有带孔的铝屏蔽罩,它把等离子体与反应室隔开,从而避免硅片直接受离子轰击的影响,显著提高刻蚀的均匀性,延长光刻胶的寿命。

2. 平行平板型反应器(如图 12－7 所示)

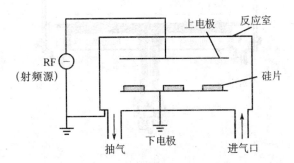

图 12－7　平行平板型反应器示意图

平行平板型反应器的上、下电极彼此平行,间距 2～5 cm,电场均匀地分布在平行极板之间,电场中的离子垂直硅片表面做定向运动。

这种反应器具有刻蚀速率高、选择性好、设备简单、成本低等特点。

四、淀积

将气态物质经化学反应生成固态物质并淀积在基片上的化学过程称为化学气相淀积(缩写为 CVD),在集成电路制造工艺中,需要淀积电介质和金属。化学气相淀积可分为热 CVD、等离子体 CVD、光 CVD 和激光 CVD 等。

等离子体 CVD 法淀积设备有电容耦合式和电感耦合式。下面仅介绍电容耦合式,典型的为平行板淀积工艺设备。

平行板 CVD 装置的两个电极是互相平行的圆板,射频功率以电容耦合方式输入,可以获得较均匀的电场分布。

平行板型电容耦合系统的反应室通常用不锈钢外壳,直径可达几百毫米。图 12-8 为平行板型反应室的截面图。内圆板电极可用铝合金材料,下电极可以旋转,以改善膜厚均匀性,底盘上还有进气、抽气、测温等接触孔。

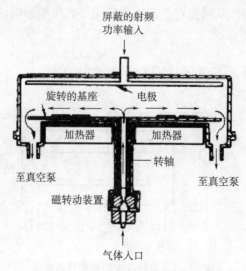

图 12-8　平行板型反应室的截面图

等离子体 CVD 工艺的工序步骤如下:首先用氩等离子体将基片温度加热到 300℃～400℃,然后将反应气体,如四氟化硅,引入真空腔室内部,通过反应气体放电来产生等离子体,实现淀积。逐渐增大射频功率,以最大限度降低对微电子器件的损伤。

硅片上淀积 Si_3N_4 膜,过去用热化学方法要 900℃ 以上的高温,而等离子体淀积只要 300℃～400℃,而且成膜质量高。等离子体化学气相淀积的问题在下一章还要详细讲。

五、阳极氧化

集成电路元件隔离需要进行硅的选择氧化,以前是用 Si_3N_4 作掩膜[①]进行热氧化的。热氧化不但需要 1 100℃ 的高温,而且要求在掩膜下横方向也发生氧化。等离子体氧化是以低温等离子体对处于电位悬浮状态的硅进行氧化的方法;加上正偏压,使硅表面的电位高于悬浮电位的等离子体氧化,称为等离子体阳极氧化。它是在氧等离子体中进行的,可以在 300℃ 以下的低温在硅表面生长出致密的氧化物膜,膜的针孔少,并且可以获得较大的氧化速度,由电压或电流控制膜厚和氧化速度也很容易。作为铝、硅、铅等表面上形成绝缘膜的技术,其应用前景十分诱人。

---

① 掩膜:在半导体制造中,许多芯片工艺步骤采用光刻技术,用于这些步骤的图形"底片"称为掩膜。

第十三章　我与表面的亲密接触

——等离子体表面改性

列位看客,俗话说"山难改,性难移",意思指人的脾气性格是不易改变的,可是这话对我等离子体来说,不灵了。我的神奇功效足以改变很多材料的表面性质,即所谓"等离子体表面改性",欲知详情如何,且听下文分解。

一、什么是材料表面改性

众所周知,多数工件往往由于材料表面的摩擦、磨损、腐蚀等现象而导致最后失效或破坏,如刀具和模具的磨损、疲劳断裂,化工容器和管道的腐蚀、氧化锈蚀等,对使用者来说,这些是很头痛的事,这些问题都可通过材料表面改性来加以改善。

材料表面改性是指不改变材料整体特性,仅改变材料表面及近表面层物理与化学特性的表面处理手段。材料表面改性的主要目的是以最经济、最有效的方法改变材料表面及近表面层的形态、化学成分和组织结构,使材料表面获得新的复合性能,以新型的功能满足新的工程应用要求。

材料表面改性是目前材料科学研究最活跃的领域之一,近年来随着等离子体技术的不断发展,利用等离子体进行表面改性逐渐成为研究的热点。所谓等离子体表面改性就是利用等离子体中产生的活性粒子(如电子、离子、亚稳态原子、分子、自由基、紫外光子等)对材料表面进行处理,从而改变材料表面性质的工艺。

等离子体中存在具有一定能量的电子、离子和中性粒子,在与材料表面撞击时,将能量传递给材料表面的原子或分子,产生一系列物理、化学过程。一些粒子还会注入材料表面，引起级联碰撞、散射、激发、缺陷、晶化或非晶化，从而改变材料的表面性能，一般可提高材料表面的强度、硬度、耐磨性、吸湿性、抗静电性、染色性、粘接性、印刷性或抗腐蚀性。

近代迅速发展起来的等离子体技术如等离子体源离子注入（PSII），等离子体物理气相沉积（PPVD）和等离子体化学气相沉积（PCVD）等方法受到了人们越来越多的关注。等离子体技术既可对金属材料，也可对非金属材料进行表面改性，增加材料的耐磨、耐蚀、浸润、防潮性能，改变对电磁波的吸收程度，对半导体进行的绝缘保护等，它已经引起了人们极大的兴趣和重视，并逐渐发展为一种新型的材料表面改性技术，在生产上得到了日益广泛的应用。

二、专家访谈录

因为材料表面改性的问题比较专业，工艺较复杂，一般人比较生疏，所以请《科技报》的记者访问了材料加工专家陈工，下面是他的访谈录。

记者：陈工，听说你在材料科学方面的造诣很深，工作经验丰富，你能给我们讲一讲等离子体在材料表面改性方面的应用吗？

陈工：好吧，我先谈第一个问题，离子注入。

记者：离子注入是什么意思呢？

陈工：离子注入就是用高能离子轰击材料表面，入射的高能粒子与材料近表面层内原子发生碰撞，逐渐损失能量，当入射离子的能量损失到某一定的值时，将停止在材料中不再运动。入射离子与原子相互作用、相互结合，在表面及近表面层内形成新的化合物相，最终使材料表面及近表面层形态、形貌、成分、结构等发生变化，从而使材料表面及近表面层的机械、化学、物理（电、磁、热、光及力学）等特性发生显著变化，这个过程称为离子注入过程。

为了解决膜层剥落的问题，离子注入技术被用于表面强化处理。离子注入技术可分为两大类：一类是束线离子注入，即传统的离子束离子注入，它已有五十多年的发展历史；另一类是等离子体浸泡式离子注入，它是近二十年来发展的新型离子注入技术。这两类离子注入技术虽然在产生高能离子的技术与方式上有很大的不同，但在材料表面改性的物理机理上是类似的。

记者：请问离子注入材料表面改性的物理机理是什么？它有什么特点呢？

陈工：物理机理是利用高能带电离子（气体和金属离子）轰击和入射到待处理的工件表面，通过这些载能离子的能量传递，以及介质掺杂①与合金化，在材料表面产生一系列的物理和化学反应，从而使工件表面的晶格结构和成分发生变化，进而显著提高工件表面的硬度、耐磨性、耐腐蚀和抗疲劳等特性，并显著改善工件表面的物理学和生物学特性。

离子注入材料表面改性技术与其他表面强化技术相比，具有许多独特的优点：理论上可将任何元素注入基体材料的近表面层；注入元素和基体材料的选配不受限制；注入层和基体材料之间无明显界面，不存在脱落分层问题，不妨碍基体传热；注入元素的剂量和注入深度可精确控制，易于实现自动化生产；不会产生环境污染。由此可见，离子注入技术是一项适用性很强的表面改性技术。

记者：那么，离子注入材料表面改性使用什么设备呢？

陈工转身走到书架旁，抽出一本书：《等离子体技术与应用》。翻开书，他指着书中的一幅图（图13-1）说，就是使用这种等离子体浸没离子注入设备。另一幅是它的原理示意图（图13-2）。等离子体浸泡式离子注入设备运用至今，已有多年历史，而且是当下表面改性的热点，以其设备简单、效率高、成本低的特点广泛应用于各种领域。

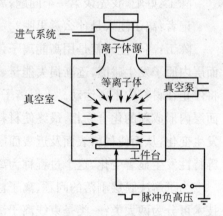

图13-1　典型的等离子体浸没离子注入设备　图13-2　等离子体浸没离子注入原理示意图

---

①　掺杂：指为了改善某种材料的性能，在这种材料或基质中，掺入少量其他元素或化合物。掺杂可以使材料、基质产生特定的电学、磁学和光学等性能。

记者:等离子体在材料表面改性方面的应用情况怎样?

陈工:这项技术已经在微电子技术、宇航、生物工程、医疗、核能等高技术领域获得应用。早在 20 世纪 50 年代,离子注入技术就运用于半导体掺杂,目前此项技术已成为一种标准的半导体材料处理手段。半导体工业的发展,进一步推动了离子注入技术的进步。离子注入技术应用所涉及的领域日益广泛,已成为半导体、金属材料、磁性材料、陶瓷材料、绝缘材料、超导材料、高分子材料、光学材料和生物材料等表面改性的重要研究工具,而且也是半导体工业、医疗器械、航空航天、兵器制造和机械加工的重要生产技术。今后的努力方向是提高注入效率和降低处理成本的研究,即离子源朝强流且大面积发展,并探讨它与其他沉积技术相结合以克服自身的改性层较薄的缺陷;另外积极开发全方位离子注入技术,且不断探索新的复合处理工艺,以扩大应用领域。

记者:陈工讲得很好,现在能不能讲一下等离子体物理气相沉积?

陈工:行。物理气相沉积(PVD)是指这样的工艺:通过高温加热金属或化合物蒸发成气相,或者通过电子、离子、光子等粒子的能量把金属或者化合物靶溅射出相应的原子、离子、分子(气态),且在工件表面上生成新的固态物质涂层。

记者:请问等离子体物理气相沉积的基本原理和特点是什么?

陈工:等离子体物理沉积过程是在真空或低气压气体放电条件下,即在低温等离子体中进行的。物理气相沉积技术大致可分为蒸发镀膜、溅射镀膜和离子镀膜,而后两种则属于等离子体气相沉积范围。

1. 蒸发镀膜

真空蒸发镀膜就是在真空室内放置涂层材料和工件,采用某种方法加热涂层材料,使之蒸发或升华,并飞到工件表面凝聚成涂层。加热涂层的方法有电阻加热、高频感应加热、电子束加热、激光加热等。

2. 溅射镀膜的基本原理

在辉光放电等离子体中,由于电子速度和能量远高于离子速度和能量,会形成等离子体鞘层,由于等离子体鞘层电位的建立,使得到达阴极的离子均受到相应的加速而获得能量。因此经过等离子体区到达阴极表面的离子具有很高的能量,并对阴极表面产生轰击效应,使得阴极物质的原子、分子被溅射出来,这些原子、分子带有一定的动能，并沿着一定方向射向工件表面，形成涂层。

溅射方法主要有：直流或脉冲直流溅射、射频溅射、磁控溅射和反应溅射等，磁控溅射优于其他方法（图 13‐3、图 13‐4）。

图 13‐3　磁控溅射镀膜机外形图

图 13‐4　中科院磁控溅射仪

磁控溅射的工作原理：如图 13‐5 所示，在阴极表面施加与阴极平行的磁场，使磁场与电场垂直，电子在电场 **E** 的作用下，在飞向基片过程中与氩原子发生碰撞，使其电离产生出氩正离子和新的电子；新电子飞向基片，氩正离子在电场作用下加速飞向阴极靶，并以高能量轰击靶表面，使靶材发生溅射。在溅射粒子中，中性的靶原子或分子沉积在基片上形成薄膜。

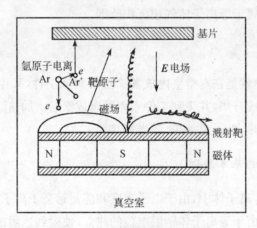

图 13‐5　磁控溅射原理示意图

3. 离子镀

离子镀是蒸发与溅射技术相结合的产物,是近十几年来发展起来的一种最新的真空镀膜技术。其原理是:在真空条件下,利用气体放电使气体或被蒸发物质(靶材)部分电离,形成气体离子和靶材的离子,这些离子在电场中被加速飞向工件表面,发生凝结而形成涂层。其优点是:靶材的离化率高,涂层沉积速率快,所制备的涂层与工件之间具有良好的附着力,而且结构致密。常见的离子镀设备有:空心阴极离子镀、电弧离子镀、多弧离子镀(阴极电弧离子镀)、磁控溅射离子镀、反应离子镀等。图 13 - 6 为典型的等离子体电弧离子镀设备照片,图 13 - 7 为离子镀系统示意图,图 13 - 8 为高频法离子镀装置示意图。

图 13 - 6　多弧离子镀设备

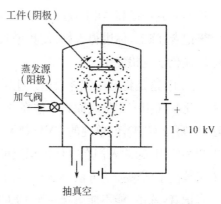

图 13 - 7　离子镀系统示意图

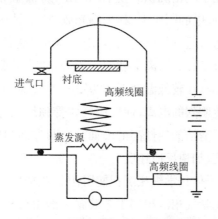

图 13 - 8　高频法离子镀装置示意图

记者：陈工，你把物理气相沉积的基本原理讲得很清楚了，能否请你把它们的用处谈一谈？

陈工：好吧！溅射沉积是制备金属和合金涂层的有效手段，这其中包括纳米吸波涂层等，同时也是制备化合物涂层、非晶涂层以及有机涂层的有效手段。至于电弧离子镀的应用，由于电弧离子镀沉积涂层致密、均匀、质量好、沉积速率高、可大面积沉积，所以在生产领域使用非常广泛。制备涂层的种类非常多，例如，硬质防护涂层的沉积，包括各种金属氧化物、碳化物、氮化物、硼化物、某些金属或合金材料以及金刚石涂层，等等。离子镀可以在金属和塑料、陶瓷等非金属上涂覆金属、合金、化合物及各种复合材料，使表面获得耐磨、抗蚀、耐热及所需的特殊性能。离子镀技术已被成功地用于刀具、量具、模具上，沉积硬质膜，可使器具寿命成倍提高，在工业应用中已经取得了良好的技术经济效益。

记者：陈工，你讲得很好，使我增长了许多知识。下面再请你讲一讲等离子体增强化学气相淀积。

陈工：这是将低压气体放电产生的等离子体用于化学气相沉积的一种新技术。化学气相沉积是用原料气体在热平衡状态下，经化学反应沉积硬质膜的方法，缩写为 CVD，但单纯的 CVD 技术的沉积，温度在 1 000℃以上，难以在工业生产中应用，为此人们在降低沉积温度方面采取了很多措施，其中重要的方法是采用等离子体增强的方法，称作等离子体增强化学气相沉积，缩写为 PECVD。

记者：陈工，能不能解释一下 PECVD 的原理？

陈工：等离子体化学气相沉积的技术原理是：将低温等离子体作激发源，工件置于低气压下辉光放电的阴极上，利用辉光放电（或另加发热体）使工件升温到预定的温度，然后通入适量的反应气体，用气体放电将低压原料气体等离子体化，形成活性的激发分子、原子、离子和原子团等，使化学反应增强，经一系列化学反应和等离子体反应，在较低温度下（200℃～500℃），沉积出硬质膜。由于粒子间的碰撞，气体产生剧烈的电离，使反应气体受到活化；同时发生阴极溅射效应，为沉积薄膜提供了清洁的活性高的表面。这两方面的作用有利于提高涂层结合力，降低沉积温度，加快反应速度。

记者：那么，等离子体化学气相沉积使用什么装置呢？

陈工：等离子体化学气相沉积的工艺装置一般由沉积室、反应物输送系统、放电电源、真空系统及检测系统组成。气源需用气体净化器除去水分和其他杂质,经调节装置得到所需要的流量,再与气源物质同时被送入沉积室。

等离子体化学气相沉积技术种类很多,如直流辉光放电 PECVD、脉冲直流辉光放电 PECVD、金属有机化合物 PECVD、射频放电 PECVD、微波等离子体放电 PECVD、弧光 PECVD 等。具体设备因 PECVD 种类不同而有所差别。例如,图 13-9 为二极直流辉光放电 PECVD 装置示意图,图 13-10 为射频电容或电感耦合 PECVD 装置示意图,图 13-11 为微波辅助 PECVD 设备示意图。

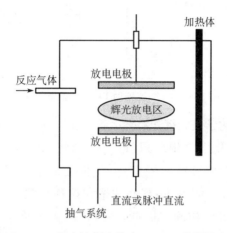

图 13-9　二极直流辉光放电 PECVD 装置示意图

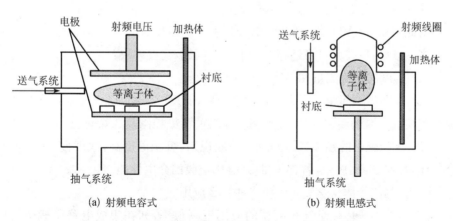

图 13-10　射频电容或电感耦合 PECVD 装置示意图

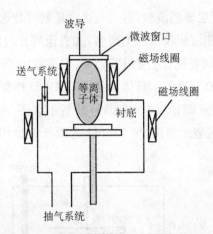

波导

微波窗口

磁场线圈

送气系统

等离子体

磁场线圈

衬底

抽气系统

图 13-11　微波辅助 PECVD 设备示意图

记者:等离子体化学气相沉积有什么特点?

陈工:等离子体化学气相沉积(PCVD)的优点是沉积温度低,沉积速率快,涂层均匀,薄膜与基体结合强度好,工件变形小,设备操作维护简单,用PCVD调节工艺参数方便灵活,容易调整和控制薄膜厚度和成分组成结构,沉积出多层复合膜等优质膜。因此,PCVD 扩大了化学气相沉积的应用范围,特别是提供了在不同材质的基体上制取各种金属膜、非晶态无机物膜、有机聚合膜的可能性。

由此可见,PCVD 是一种有广阔发展前途的新型涂层工艺。

当然,PCVD 技术自身还存在如下一些问题,需要解决:

(1) 温度的精确测量和温度的均匀性问题。

(2) 腐蚀污染问题。因为通过化学反应,有反应产物及副产物,对腐蚀性产物要解决真空泵的腐蚀问题,还要解决排气的污染控制及清除问题。

(3) 沉积膜中的残留气体问题。一般说来,沉积温度高,速度慢,可减少残余气体量,在 Si_3N_4 膜中,若含氢量多,会影响膜的介电性能。

记者:等离子体化学气相沉积有些什么应用呢?

陈工:等离子体化学气相沉积的应用范围很广,如在集成电路制造中的应用,这里讲一下其他应用。

(1) 超硬膜的应用。PCVD 适合在形状复杂、面积大的工件上获得超硬膜,工件不需旋转就可得到均匀的镀层,大量应用于切削刀具、磨具和耐磨零件。

(2) 半导体元件上绝缘膜的形成。用 PCVD 来形成 Si_3N_4 膜的绝缘性、抗氧化性、耐酸性耐碱性，比 SiO_2 膜强，从电性能及其掺杂效率来讲都是最好的，特别是当前的高速元件 GaAs -绝缘膜的形成，高温处理是不可能的，只能在低温下用等离子法进行沉积。

(3) 金刚石、硬碳膜及立方氮化硼[①]的沉积。对低压合成金刚石、硬碳膜及立方氮化硼的研究，国内外学者及研究机构都做了大量的工作。

记者：陈工，你把等离子体化学气相沉积讲得很透彻了，现在时间不早了，请你谈谈等离子体聚合[②]。

陈工：好吧，等离子体聚合确实要讲一讲。等离子体聚合是用等离子体使气体分子聚合的方法。这种现象早在 19 世纪 80 年代就已经被发现了，那时人们已经知道在试管中放电可以在电极和玻璃管的壁上形成油状物质或类似的聚合物，人们把这些产物认为是烦人的副产品而未加以注意。直到 20 世纪 60 年代，人们发现辉光放电能引发单体形成聚合物，并且这些产物有优秀的性能，自此等离子体聚合才引起人们的重视和应用。

等离子体聚合是一种广义上的等离子体化学气相沉积，只不过放电用的气体（工作介质）是可聚合的单体，生成的物质是高分子化合物（薄膜、粉状物或油状物）。

等离子体聚合反应是指：利用辉光放电将有机类气态单体等离子化，产生各类活性基团，这些活性基团之间或活性基团与单体之间进行聚合反应，形成聚合膜。也就是说等离子体聚合是单体处于等离子体状态进行的聚合。不过等离子体聚合过程中的基本反应极其复杂，聚合机理并不清楚，目前众说纷纭。

记者：请讲一讲等离子体聚合的装置，好吗？

陈工：等离子体聚合反应装置是制备超薄聚合薄膜的关键设备，按装置的电源方式可分为直流放电、交流放电、射频放电和微波放电反应器等。它们的结构略有不同，其中，带平行板式电极的钟罩型反应器最为常用。钟罩型聚合反应装

---

① 立方氮化硼：氮化硼是氮原子和硼原子构成的晶体，立方氮化硼是立方结构的氮化硼，其硬度高，类似金刚石，常用作磨料和刀具材料。

② 聚合：聚合反应是由单体合成聚合物的反应过程。有聚合能力的低分子原料称单体，单体小分子通过相互连接成为链状大分子，尤其非常大的分子，从而得到一种新的材料，叫作高分子材料。

置如图 13-12 所示,设备外形如图 13-13 所示。这种射频放电反应装置结构比较简单,由钟罩、内部平行金属板电极、真空系统和 RF(射频)电源组成。RF 电源频率一般为 13.56 MHz,经适当的阻抗匹配电路把电源与上部电极相接,下部电极接地。聚合时,通入反应气体,在射频功率的作用下,产生放电,使气体电离,并在基体表面生成聚合薄膜。

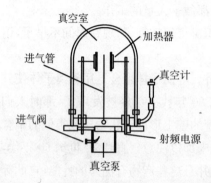

图 13-12　钟罩型辉光放电 PCVD 装置示意图

图 13-13　PCVD 工业生产设备外形图

记者:等离子体聚合在工艺上有什么特点?

陈工:与其他方法相比,等离子体聚合有以下优点:

(1) 聚合反应不需要使用溶剂就可以进行,工艺过程温度低。

(2) 形成的薄膜密度大,强度高,附着力好,针孔极少。

(3) 形成的薄膜耐热性和耐化学性都比较好,可用作材料的防护层、绝缘层、气体和液体分离膜及激光导向膜等。

(4) 厚度易于控制,可以制得厚度为 50 nm～1 μm 的超薄、无针孔等离子体聚合物薄膜。

不过,等离子体聚合有工艺和设备复杂、力学性能和物理稳定性较差的缺点。

记者:等离子体聚合主要有什么用途呢?

陈工:等离子体聚合技术的应用主要体现在两个方面——聚合膜的制备和材料的表面处理。

第一,等离子体聚合膜具有超薄、致密、牢固、均匀、无针孔、无缺陷等优点,从而具有独特的化学、力学、电气性能,在化工、电子、光学、能源、生物材料、分离膜等方面有广阔的应用前景。

举个例子来说吧,有些同学配戴隐形眼镜,可曾知道,早在 20 世纪 40 年代就用有机玻璃制作隐形眼镜了,有机玻璃是俗称,学名是聚甲基丙烯酸甲酯(缩写为 PMMA),它具有折射率高、硬度合适、生物活性好的优点。但是 PMMA 的亲水性欠佳,佩戴不适,严重者还可引起并发症。为了改善其性能,就利用乙炔、水、氮气生成的等离子聚合膜涂覆在聚甲基丙烯酸甲酯接触镜片上,其亲水性有所提高,同时也减少了镜片与角膜上皮细胞的粘连。这是等离子体聚合膜的成功应用。

第二,高分子材料表面改性。利用等离子体进行聚合反应的最大特征是等离子体的能量小,仅激发基材深度极浅的表面部位上的有机结构,进行化学变化或聚合,因此可在不影响材料整体性质的情况下,对高聚物材料表面进行改性。例如,金属化合物经等离子体聚合可得到导电膜等各种聚合物膜,这些膜是传统合成方法难以得到的。又如,通过等离子体聚合对纤维表面改性,可以提高材料的染色性、吸水性,同时减小收缩率。

记者:陈工,请你给等离子体表面改性做个简单的小结,好吗?

陈工:最后我来说几句,算不上什么小结。等离子体材料表面改性技术所包括的离子注入、物理气相沉积(PVD)、等离子体增强化学气相沉积(PECVD)、等离子体聚合、等离子体电化学氧化等,虽然针对不同的应用对象和使用目的,都获得了广泛的应用,但都有自身的优缺点。随着科学技术的进步,对材料的要求越来越高,特别是对于某些特殊使用环境的部件,单一的等离子体材料表面改性工艺已很难满足其使用要求。因此,发展综合运用两种或多种等离子体表面处理技术的复合技术已成为等离子体材料表面改性的发展趋势。如:将等离子体渗氮、注入、涂层沉积三种技术相互复合以求得优化效果的等离子体材料表面复合处理技术,代表了等离子体在材料表面改性方面的最新发展方向。

记者:陈工,从你的讲话中我学到许多知识,受益匪浅,谢谢你,再见。

陈工:再见。

第十四章　医生的好帮手
——等离子体在生物医学上的应用

列位看客,等离子体与医学好像是"风马牛不相及"的,其实不然,等离子体,特别是大气压低温等离子体,在生物医学中大有用武之地,成为医生的好帮手。君不见一门新兴学科——"等离子体医学"正冉冉升起,显示出无限生机,已经引起人们的兴趣和关注,并将成为最具发展前景的领域。低温等离子体在生物医学方面的应用主要有两个方向:一个是等离子体对生物医用高分子材料的表面改性;另一个方向就是低温等离子体灭菌。下面仅就低温气体等离子体在生物医学上应用的两个方面作简单介绍。

一、生物医学材料和人工器官

据报载,有位老者步履艰难,拄着拐杖,走路一颠一跛,走不了几分钟,膝盖就酸疼不已,后来症状更加严重,竟发展到不能行动,医生诊断为膝关节骨性关节炎,建议手术治疗。于是他换了人工关节,经过一段时间康复,老人膝关节不疼不酸了,又能走路爬楼了。这个例子说明,人工关节的置换(图14-1),使骨关节患者摆脱了病痛的折磨,提高了晚年生活质量。

众所周知,更换有病的器官是挽救某些疾病晚期病人生命的一种有效方法,这就是现代医学里出现的器官移植。移植器官,一般有两种途径:一种是同种异体的人体器官移植,另一种就是用人工器官置换病损器官。由于人体自然器官来源困难及移植后产生的免疫排斥反应等问题尚未完全解决,所以,用人工器官代替病损自然器官是另一种可行的、有效的途径。

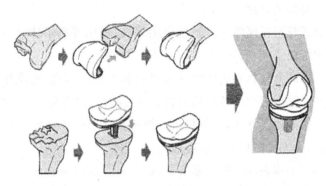

图 14-1 人工膝关节的置换示意图

人工器官的临床应用,拯救了成千上万患者的生命,引起了医学界的广泛重视,加快了人工器官的研究步伐。

人工器官种种成就使得对这方面的深入研究方兴未艾。目前可以说,从天灵盖到脚趾骨,从人体的内脏到皮肤,从血液到五官,除了脑及大多数内分泌器官外,大都有了代用的人工器官。虽然有的还只是初步的、探索性的,然而随着科学技术的发展,特别是生物医学材料的出现与发展,人工器官将会逐步达到尽善尽美的地步。

人工器官是以医用高分子材料为主的生物医学材料制造的。生物医学材料是指能植入人体或能与生物组织直接相接触的、具有天然组织和器官功能的材料,主要用于制作人工器官、支持装置、体内或体外应用的医疗用品。当今,生物医学材料的进步,特别是医学高分子材料的研制,促进了人工器官的发展。

医用高分子材料可来自人工合成,也可来自天然产物。医用高分子材料按性质可分为非降解型和可生物降解型。非降解型高分子材料包括聚乙烯、聚丙烯、聚硅氧烷、聚甲醛等,要求在生物环境中能长期保持稳定,不发生降解、交联或物理磨损等,并具有良好的物理机械性能,主要用于人体软、硬组织修复,人工器官、人造血管和宫腔制品等的制造。可生物降解型高分子材料包括胶原、线性脂肪族聚酯、甲壳素、纤维素、聚氨基酸和聚乙烯醇等,可在生物环境作用下发生结构破坏和性能蜕变,要求其降解产物能通过正常的新陈代谢或被机体吸收利用或排出体外,主要用于药物释放和送达载体及非永久性植入载体。

对生物医学材料的详细描述已超出本书的范围,这里要讲的是我等离子体在医用高分子材料的处理中起什么作用。

由于高分子材料在医学上广泛地应用,所以利用等离子体对高分子材料进行处理已构成等离子体在医学上应用的主要内容。

植入人体的高分子材料表面性质与材料的生物相容性、血液相容性有着极其密切的关系。利用等离子体进行材料表面处理,可以改善材料的粘接性、材料的表面特性和血液相容性等,它不仅可以使材料富于良好的亲水性,还可以除去表面的污染物,大大提高材料的抗凝血性。

常用的等离子体表面处理技术有两种:一种是将被处理物品置于惰性气体(如氩气、氦气)的等离子体中。另一种是用乙烷、乙烯、四氟乙烯等有机蒸气进行等离子体聚合,在物品表面沉积上一层非常薄(几十纳米至几个微米)的薄膜。此种薄膜致密、坚实、无针孔,通常不溶于一般溶剂。

用低温等离子体技术处理高分子材料或其他固体表面还具有下述特点:

(1)表面处理为气-固反应,不使用液态化学品,安全无污染。

(2)改性表面层的厚度薄,只改变材料表面性质,不改变基材原有特性。

(3)处理时间短,甚至可在几秒钟内完成。

(4)能源利用率高。

然而,在医用高分子材料的发展过程中,遇到的一个巨大难题是材料的抗血栓问题。当高分子材料用于人工器官植入体内时,必然要与血液接触。由于人体的自然保护性反应将产生排异现象,其中之一即在材料与肌体接触表面产生凝血,即血栓,结果将造成手术失败,严重的还会引起生命危险。对高分子材料的抗血栓性研究,是广大科研工作者极为重视的问题,也将是今后医用高分子材料研究中的首要问题。

玻璃是一种促进凝血的材料,其表面易生成血栓。玻璃和塑料表面经等离子体处理后,表面自由能降低,提高了抗凝血性,还能够提高组织细胞的粘着性,可使细胞与材料表面的亲和力成倍增加。其中以聚四氟乙烯粘着力提高最多。

这里,举一个日常生活中的例子。有些青少年朋友,为了矫正视力,常佩戴所谓的"隐形眼镜",这种眼镜使用硬接触镜片,戴在眼珠角膜上,如图14

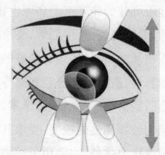

图 14-2 隐形眼镜的佩戴

－2所示。隐形眼镜既改善视力,又免除戴眼镜的麻烦,而且美观。此种镜片材料多数为聚甲基丙烯酸甲酯,是一种医用高分子材料,它是疏水性材料,润湿性差,置于眼内时与泪液相容性不好,对眼黏膜有刺激作用。

如用等离子体处理,形成薄薄的亲水性醇层,其透明性不变,而眼部却感到舒适。实验表明,未经处理的镜片置于眼内一周后,镜片混浊;而经等离子体处理后的镜片,经连续使用9周仍保持透明性。

此外,聚氯乙烯是良好的医用材料,常制作输血管、血液分析器、人造血管等,经等离子体活化表面并接枝聚合之后,可显著提高其抗凝血性,并可大大地减少增塑剂等溶入血液而造成对人体的危害。

总之,21世纪医用高分子材料的研制进入一个全新的时代。高分子材料已经越来越多地应用于医学领域,医用高分子材料的发展,对于战胜危害人类的疾病,保障人民身体健康,造福于人类,无疑具有极其重大的意义,等离子体技术在医用高分子材料的发展中也将发挥更大作用。

二、等离子体灭菌

列位看客都知道,灭菌消毒是医院防止感染的重要操作。你们可曾知道用等离子体消毒与灭菌也是十分有效的? 等离子体灭菌技术是近年来出现的一项物理灭菌技术,是新的低温灭菌技术,而且是一种快速、广谱的灭菌技术。

大量研究结果证明,等离子体有很强的杀灭微生物的作用。如果将某些气体作为底气或加入空气中来激发电离产生等离子体,其杀灭微生物的效果更佳;等离子体可以杀灭各种细菌繁殖体和芽孢[①];等离子体不但可以杀灭细菌,对病毒的灭活效果也很好;等离子体不仅具有良好的杀菌作用,亦可有效地破坏致热物质,如细菌毒素及其他代谢产物。

等离子体何以能杀灭微生物起消毒作用呢? 这是等离子体杀菌消毒的机理

---

① 细菌繁殖体和芽孢:某些细菌在一定的环境条件下,能在菌体内部形成一个圆形或卵圆形小体,是细菌的休眠方式,称为芽孢。芽孢的抵抗力强,用一般的方法不易将其杀死,当进行消毒灭菌时往往以芽孢是否被杀死作为判断灭菌效果的指标。与芽孢相比,未形成芽孢而具有繁殖能力的菌体称为繁殖体。

问题,迄今人们的认识还不是很完善,理论还不清晰,众说纷纭。有一种说法大致是:在气体放电形成等离子体过程中,自由电子从外加电磁场获得能量,在和中性粒子碰撞时又将该能量放出。在能量传递过程中可以形成激发态原子、自由基和离子等。处于激发态的原子、分子、离子等改变了细菌芽孢外部的保护层,使得活化的醚类分子可以进入改变后的结构中,并诱发一系列的附加反应,从而达到灭菌效果。除此之外,有的人还认为:由于等离子体放电过程中会产生紫外线,高能紫外光子被微生物或病毒中蛋白质吸收,致使其分子变性失活,从而起到杀灭微生物的作用。另外,等离子体中高速粒子的击穿作用也不可忽视。在等离子体灭菌实验后,通过电镜观察发现,细菌菌体与病毒颗粒图像均呈现千疮百孔的形状。这可能是等离子体中的高动能电子和离子产生的蚀刻与击穿效应所致。

俗话说:"工欲善其事,必先利其器。"等离子体灭菌利用什么设备呢? 现在低温等离子体灭菌技术用的是过氧化氢等离子体灭菌器。原来,在医疗领域应用的等离子体灭菌技术于 20 世纪 80 年代始于美国,这项技术 1987 年获得专利。美国强生公司于 1993 年研发成功利用以过氧化氢(俗称双氧水)为灭菌剂的 Sterrad 50 型等离子体灭菌器,以后陆续开发出 Sterrad 100、Sterrad 100s 等灭菌器,第三代产品 Sterrad NX 型过氧化氢低温等离子体灭菌器如图 14-3 所示,该产品比较成熟,现已在欧美、日本等发达国家的医疗机构微创手术中广泛使用。此设备 2004 年开始在我国推广宣传,已有几十家大型医疗单位开始使用。过氧化氢低温等离子体灭菌器结构如图 14-4 所示。

图14-3 强生公司 Sterrad NX 型低温等离子体灭菌器

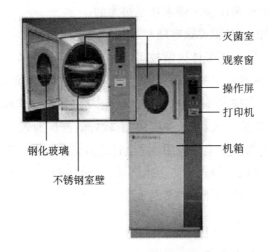

灭菌室

观察窗

操作屏

打印机

机箱

钢化玻璃

不锈钢室壁

图 14－4　过氧化氢低温等离子体灭菌器结构图

进入 21 世纪，我国国内已有一些科研院所开展了低气压常温等离子体灭菌的研究工作，并取得了一些成果。2003 年中国科学院等离子体物理研究所研制的等离子体杀菌装置，具有诸多优点：如常温灭菌，灭菌时间短，金属、非金属器械均适用，管道内部灭菌方便，耗能低等。

近年来国内某些厂家也生产类似产品，可满足各类医疗和科研单位对高档次灭菌设备的需求。

等离子体灭菌设备的灭菌原理是：低温等离子体灭菌器用过氧化氢（H_2O_2，俗称双氧水）作为灭菌介质，经射频电磁场激发形成等离子体，在等离子体的作用下，过氧化氢将发生离子化分解反应，并作用于微生物之细胞、酶及核酸，破坏其生命力，以达到灭菌目的。灭菌完成后，双氧水离子体最终复合成少量水蒸气，无有害物质残留，对人对环境无污染。

低温等离子体灭菌设备几乎具备了一种理想杀菌消毒法所应具备的全部条件：低温等离子体灭菌与高压蒸汽灭菌、干热灭菌相比，灭菌时间短；与化学灭菌相比，操作温度低，灭菌周期短；能够广泛应用于多种材料和物品的灭菌；因为没有有害物质残留，所以无需通风，不会对操作人员构成伤害，安全可靠。

随着社会的进步、生活水平的提高和人们健康观念的巨大变化，各级医疗卫生单位都将消毒灭菌的可靠性与单位的信誉紧紧联系在一起，并愿意以较高的价格购买高档次的灭菌设备，以防止医疗事故及损害人身健康的情况出现。因此对高档次高性能灭菌设备的需求还是很大的。

好了,关于灭菌设备就说这些吧!

最后,应该说明,等离子体灭菌技术亦存在某些问题:首先是等离子体穿透性差,这在应用上受到一定的限制;其次是设备制造技术难度大,成本费用高,价格贵;另外,目前很多技术还不完善,有待于进一步研究。但作为一种新的物理灭菌方法,市场需求潜力大,增长速度快,有较好的推广前景。

等离子体在生物医学上的应用,除上述之外,还有促进组织表面愈合,减少体内排异反应,以及用作等离子体手术刀等,在此不再一一赘述。由此可见,我等离子体确实身手不凡,不愧为"多面手"。

第十五章 我的特异功能
——等离子体在国防工业上的应用

列位看客，前几章讲述了我等离子体在能源、电力、显示、照明、工业加工、微电子、表面改性、医学等方面的应用。由于等离子体技术日新月异地发展，应用范围不断扩大，我等离子体技术在国防工业中也有广泛的应用。我虽然没有持枪保家卫国，但是，我在没有硝烟的战场上，表现还是身手不凡的，欲知等离子体技术在军事上的主要应用，且听下文分解。

近年来，等离子体技术的实际应用获得了快速的发展，应用领域越来越广泛。等离子体由于其特点，在军事上更具有广阔的应用前景。目前，世界各国正加紧研究把等离子体技术用于武器系统隐身、通信和探测、火炮发射、飞行器拦截、航天推进、电子对抗和军事能源等方面，等离子体技术的军事应用对未来高技术、信息化战争具有深远的意义。这里只介绍等离子体技术直接用于军事的几个实例：等离子体隐身技术，等离子体炮，等离子体天线。

一、何谓等离子体隐身技术

大家都知道，在现代战争中，雷达（图 15 - 1）探测技术占有非常重要的地位，雷达探索它警戒范围内的飞行物，发射电磁波（雷达波），雷达波射到目标上反射回来，被雷达系统接收，以测定目标的方位，如图 15 - 2 所示。雷达可以探测导弹、飞机等武器系统。为了使己方的武器系统不被敌方雷达探测到，必须采用一定的技术，使雷达探测波有来无回，以实现己方武器系统的隐身，这叫作隐身技术，或称为隐形技术。运用等离子体技术也可以实现武器系统的隐身。

图 15-1 防空雷达

图 15-2 雷达探测原理示意图

有的看客会问什么是等离子体隐身技术,回答是:等离子体隐身技术是指产生并利用飞机、舰船等武器装备表面的等离子云来实现规避电磁波探测的一种技术。这是不同于外形隐身和材料隐身的新概念隐身技术。由于等离子体独特的性质,运用等离子体技术可以有效达到武器系统隐身的目的。

1999年5月,俄罗斯科学家称,一种等离子体发生器已经安装在一架"米格"喷气战斗机(图15-3)上。这表明等离子体隐身技术正向着实用化方向发展。由于在理论上具有一系列的优点,军事强国对等离子体隐身技术都极为关注(图15-4、图15-5)。

图 15-3 "米格"隐形喷气战斗机

图15-4　美国 F117a 隐形战机

图15-5　F117a 隐形战机飞行中

　　等离子体隐身技术引起各国重视的原因是什么呢？这要从等离子体隐身技术的基本原理说起。

　　我们从等离子体对电磁波的反射、折射和吸收性质来说明。当有外来电磁波时，等离子体将与电磁波发生相互作用，彼此交换能量。从宏观上看，等离子体就像电介质一样对电磁波有反射、折射和吸收作用。等离子体频率指等离子体电子的集体振荡频率，是等离子体的重要参数之一，等离子体频率与电子密度的平方根成正比，改变等离子体密度可对其频率进行调控。

　　当雷达波频率低于等离子体频率时，雷达波被等离子体完全反射，不能在等离子体中传播。但是，当雷达波频率大于等离子体频率时，雷达的电磁波不会被等离子体截止，而能够进入等离子体内部，并在其中传播。在传播过程中，入射波的部分能量传给等离子体中的带电粒子，被带电粒子吸收，于是入射波能量被衰减。而带电粒子通过与其他粒子的有效碰撞，把能量转化为无规则运动的能量。

　　等离子体隐身技术的核心是电磁波与等离子体的相互作用。由于等离子体层对雷达波有特殊折射效应和吸收衰减作用，所以等离子体层可以极大地减少雷达目标的电磁回波能量。等离子体隐身的基本原理是，利用等离子体发生器、发生片或放射性同位素在飞行器表面形成一层等离子体云，通过控制等离子体的能量、电离度、振荡频率等特征参数，使照射到等离子体云上的雷达波遇到等离子体的带电离子后，两者发生相互作用，电磁波的一部分能量传给带电粒子，被带电粒子吸收，而自身能量逐渐衰减，另一部分电磁波受一系列物理作用的影响而绕过等离子体，或者发生折射而改变传播方向，使返回到雷达接收机的能量很小,使雷达难以探测,以达到隐身目的。

二、常见的等离子体隐身技术

最常见的等离子体隐身包括折射隐身和吸收隐身。

1. 折射隐身

通过非均匀等离子体对雷达电磁波的折射使雷达发射波传播轨迹发生弯曲,雷达回波偏离接收方向,从而使目标难以被雷达发现,如图 15-6(a) 所示,即可实现对雷达波的折射隐身。

2. 吸收隐身

等离子体能以电磁波反射体的形式对雷达进行电子干扰,同时对入射到等离子体内部的电磁波通过碰撞吸收其大部分的能量,让雷达波有来无回,这就是吸收隐身,如图 15-6(b) 所示。

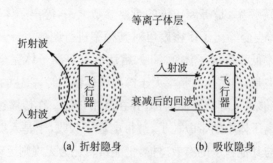

(a) 折射隐身　　　　　　(b) 吸收隐身

图 15-6　等离子体隐身机理示意图

与外形隐身和材料隐身技术相比,等离子体隐身具有如下优点:

(1) 吸波频带宽、吸收率高、隐身效果好、使用时间长。

(2) 由于等离子体是宏观呈电中性的优良导体,极易用电磁的办法加以控制。只要控制得当,还可以扰乱敌方雷达波的编码,使敌方雷达系统测出错误的飞行器位置和速度数据以实现隐身。

(3) 无需改变飞机等装备气动外形设计,由于没有吸波材料,维护费用大大降低。

（4）实验证明，利用等离子体隐身技术不但不会影响飞行器的飞行性能，还可以减少 30％以上的飞行阻力。

虽然等离子体隐身具有很大优越性，但也存在以下难点与尚待解决的问题：

（1）等离子体对雷达波的吸收能力在不同条件下相差非常大，这与多方面的因素有关。等离子体隐身的实现不能仅依靠雷达波的频率与等离子体频率的相互作用来判断，它还跟雷达波的入射角度、等离子体的密度、碰撞频率、厚度等因素有关。以上这些因素决定了在现阶段等离子体隐身技术依然处于试验阶段，等离子体隐身技术距离完全实用化还有一段很长的路。

（2）等离子体隐身在技术上还有一定的难点：主要是兵器安装等离子体发生器的部位本身无法雷达隐身和等离子体发光暴露目标的问题；所需电源功率很高，设备庞大，这类发生器的重量、体积和功耗很大是阻碍等离子体隐身技术实用化的主要问题。因此在满足等离子体包层厚度的前提下，必须降低等离子体发生器的电源功率和减少设备体积才有望投入实用。

（3）等离子体可能会造成飞机表面材料的溅射腐蚀和表面发泡，形成缺陷（如针孔气泡等缺陷），导致材料强度、硬度和飞机气动性能的下降。

三、如何具体实施等离子体隐身

上面讲了等离子体隐身的道理，下面谈谈如何具体实施等离子体隐身，这涉及产生等离子体的方法。产生隐身等离子体具体的方法有以下三类：

1. 涂抹放射性同位素

放射性同位素在其衰变过程中，能自发放出一种或几种射线（如 α、β、γ 射线），射线具有很高的能量，均能使附近空间的气体介质电离，形成等离子层，其中电离的自由电子，对入射的电磁波发生衰减作用，从而使得雷达难以探测。

涂抹放射性同位素虽然可以实现飞机某些强散射部位（如进气道内腔等处）的隐身，但是其剂量难以控制；其生产、使用和维护的代价极为高昂，后勤维护也非常困难，其放射性还会给周围人员带来伤害；更重要的问题是，放射性同位素产生的等离子体层较薄，产生的电子密度不够高，无法满足飞机对宽频段及大面积的隐身需求。

2. 用激光产生等离子体

高能强激光脉冲通过透镜聚焦到极少的范围内（图 15-7），产生的能量密度是相当惊人的。由于气体在极短的时间内从激光束吸收了大量的能量，这样可得到密度大的等离子体。

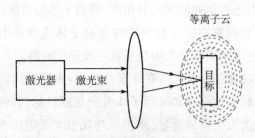

图 15-7 激光产生等离子体示意图

3. 安装等离子发生器

等离子体发生器产生的等离子体通常是低温等离子体气流。等离子体发生器产生等离子体的方法有多种，如前面第一章所述，有电弧放电、高频感应放电、热等离子体放电（稀薄等离子体）和微波放电等，这里不再赘述。

关于等离子体隐身技术就介绍这些吧。

四、等离子体炮（电热炮）

列位看客，刚才我讲了等离子体在军事上应用的一个例子，即隐身技术，下面我再讲另一个例子——等离子体炮（即电热炮），你们将会看到，等离子体也会像火炮一样，模仿战神骄武的怒吼。

等离子体温度高、压力大、携带能量多，被许多国家广泛用于各种电热炮的研制。

有人会问发明电热炮的灵感是怎么来的？据说电热炮的原理是人们用托卡马克装置研究可控核聚变（参见第七章）时发现的。

电热炮的主要原理是：利用放电的方法，人为产生等离子体，来推动弹丸射向目标。这种等离子体属低温等离子体,又称电弧等离子体,因此早期的电热炮称为"电弧炮"。按照等离子体形成方法的不同,电热炮可分为直热式和间热式两大类。直热式电热炮利用高功率脉冲电源放电,产生高温、高压的等离子体,以等离子体膨胀做功的方法直接推动弹丸前进。间热式电热炮(也叫电热化学炮)则利用高功率脉冲电源放电产生高温、高压的等离子体,再用该等离子体去加热化学工作物质,使之燃烧汽化产生高温、高压的燃气,膨胀做功推动弹丸前进。电热炮中的等离子体产生及其做功过程是在封闭的放电管或炮膛内进行的,又都是脉冲式工作的,所以早先人们也曾把电热炮叫作脉冲等离子体加速器或等离子体炮。

直热式电热炮(图 15 - 8)是完全利用电能工作的,又叫纯电热炮,它是用等离子体当"火药"来推进弹丸的。直热式电热炮主要由电源、毛细放电管、电极、炮管和弹丸等组成。图 15 - 9 是一种直热式电热炮结构示意图。其基本原理是:当闭合放电开关 S 时,高功率脉冲电源 G 便把高电压加到炮的两电极间。由于两电极间被用电介质做成的放电管绝缘隔开,不能穿过管

图 15 - 8　装在坦克上的电热炮在试射

壁放电,而是从圆筒电极右端沿放电管内表面向圆柱电极右端进行电弧放电。此时放电电流很大,常达几十千安到几百万安,烧蚀放电管内壁材料,使其产生

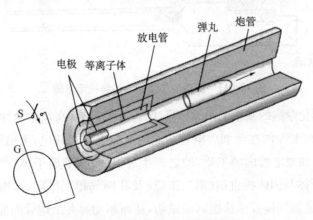

图 15 - 9　直热式电热炮示意图

高温高压等离子体，推动弹丸前进，在这一点上纯电热炮很像普通火炮靠火药燃烧产生气体来加速弹丸的过程，不过它是全用电能加热轻质材料使其成为等离子体，并最终把电能转变成发射弹丸的动能的。

下面再说说电热化学炮（图 15-10）。

图 15-10　美国研制的电热化学炮

固体电热化学炮是指使用固体推进剂工质的电热化学炮，结构如图 15-11 所示，主要由毛细放电管、燃烧室、弹丸及炮管等组成。除电源系统和毛细放电管（等离子体产生器）外，固体电热化学炮与常规火炮很类似。

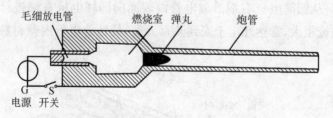

毛细放电管　　燃烧室　弹丸　　　炮管

G　S
电源　开关

图 15-11　固体电热化学炮的结构示意图

固体电热化学炮的基本工作原理是：闭合开关 S 后，高功率脉冲电源 G 把高电压（5 kV～25 kV）加在毛细放电管两端的电极上使之放电，大电流（100 kA～1 MA）加热毛细放电管内的工质，使之产生高温、高压等离子体，并高速注入燃烧室。等离子体与固体推进剂（第二工质）及其燃气相互作用，向推进剂提供外加能量，使推进剂气体发生快速膨胀做功，从而驱动弹丸沿炮管向前加速运动。

这种炮有两种工作模式：一种是把等离子体注入燃烧室的固体推进剂中，或采用药室内电极放电，直接用等离子体对固体推进剂点火和电加热；另一种是先使固体推进剂像常规火炮那样点火和燃烧，当燃烧室内压力达到最大并刚开始下降时，再用等离子体把电能引入燃烧室加热燃气，以弥补压力下降。由此可见，我等离子体在固体电热化学炮中的作用还是很大的：一是点火和燃烧固体推进剂；二是作为附加能源，向推进剂燃气补充能量，以增大弹丸的炮口速度。目前，利用等离子体电热炮已可以将弹丸加速到 3 000 m/s 的速度。

美国于 1991 年研制成了 155 mm 电热炮，并进行了野外试验。研制这种炮，是为了满足美军陆军 21 世纪对先进野战火炮系统的需要。这种电热炮采用的炮管是口径的 52 倍，发射现有的 155 mm 榴弹，最大射程可达 50 000 m。另外，俄罗斯也在 FST‒2 坦克上试验了 135 mm 电热炮（图 15‒12），初速达 2 500 m/s。

图 15‒12　俄罗斯 FST‒2 坦克采用的电热炮

有人可能会问，现在有了许多种火炮，还有各式导弹，干吗还有这么多国家热衷于研制电热炮呢？这是因为电热炮在性能上有许多优点。一是电热炮简单，某些电热炮，可由常规火炮稍加改造而成；二是电热炮输入电能水平的要求较低，便于使设备小型化；三是驱动气体的成分可以选择和控制，大多数电热炮，可按所需目的，采用各种轻质工质或含能高的推进剂，这有利于提高电热炮的性能和减小炮的重量及体积；四是电热炮还具有初速高、射程远、后坐力小等优点，因而它有可能领先于电磁炮而早日投入实战使用。

看来，我等离子体在电热炮里将会以出众的本领出现在 21 世纪的战场上。

五、等离子体天线

列位看客,天线是在无线电设备中用来发射或接收电磁波的部件,平常大家看到的天线都是用固态金属做的,乍一听到等离子体天线这个名词,可能有点奇怪,等离子体一般是电离气体,它居然也能做天线?!请不要奇怪,依靠等离子体的神奇功能,还真的实现了等离子体天线,下面让我娓娓道来。

由前面的叙述知道,等离子体有良好的导电性,而且对电磁波的传播有着较大的影响:在一定的条件下,等离子体能反射电磁波;在另一种条件下,它又能吸收电磁波。利用等离子体的导电性能、反射和吸收电磁波的能力,就可以通过某种方式设计和制成等离子体天线。

20世纪90年代美国 Tennessee 大学物理学家西奥多·安德森(Theodore R. Anderson)在等离子体物理年会上称,他们研究的等离子体天线技术已接近成熟。等离子体天线外观与荧光灯管相似(图 15 - 13),使用电离气体管来发送和接收无线电波,通过控制等离子体的形态和强度等参数可以对天线的带宽、频率、增益和方向性等特性进行动态调整,能随意转换无线电射频,同时还能像金属天线一样工作,效率更高、体积更小(图 15 - 14)。

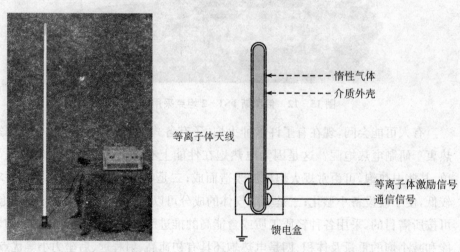

惰性气体
介质外壳

等离子体天线

等离子体激励信号
通信信号

馈电盒

图 15 - 13　等离子体天线实验装置图　　图 15 - 14　等离子体天线实验装置示意图

(取自李学识《等离子体天线研究与应用进展》,《现代电子技术》2010 年第 5 期第 66 页)

这种等离子天线具有极强的抗干扰能力，而且耗电少，能够挤入密集的波段，接收发送多种频率电波，可用于军事和移动电话网络。

与传统的天线相比，等离子体天线的效率将更高、重量更轻、体积更小、尺寸更短、带宽更宽，能对雷达隐身，是现代无线电技术的一大进步。

安德森说，由于等离子天线只对等于或小于它本身运行频率的信号发生反应，所以通常用来干扰无线电波的高频信号对它无影响。这种天线本身还可以收发多个无线电频率而互不干涉，能耗是普通天线能耗的千分之一。

在军事上，等离子体天线可以提高军事设施的雷达隐蔽性能。因为采用等离子体材料传导和辐射电磁信号，所以可以在需要的时候才激发产生等离子体，发射军事通信信号，其余时间不激发等离子体，此时等离子体相当于一般惰性气体，不会吸收或散射雷达信号，从而实现对雷达的隐身。

等离子体天线与传统的金属天线相比，具有许多独特的优点，尤其是它显而易见的军事应用潜力，实际上很早就受到了世界军事强国的关注，各国竞相研发，近年来发展迅速，已出现多种类型的实验装置，其科研及应用前景广阔，这里不一一列举，有兴趣的读者，请参看有关资料。

第十六章 空气净化

——等离子体的环保应用

列位看客,在这一章里,我想谈谈大家共同关心的环保问题,不过这个问题太大,太复杂,我只能谈其某个方面——空气净化,看看我等离子体在改善环境方面发挥的重大作用,欲知详情如何,且听下文分解。

一、环境污染的严峻形势

随着城市化和工业化进程的不断推进,空气污染已经成为一个严峻的问题。雾霾、沙尘暴、PM2.5······这些名词频繁出现在天气预报中,成为人们心中挥之不去的阴影。近年来,地球的生态环境加剧恶化,空气变得愈来愈浑浊,大范围的世界性公害事件频频发生。长此下去,我们这颗蔚蓝色的星球,就会显得灰蒙蒙的,地球迟早会变成像金星、火星一样的不毛之地,人类赖以生存的地球家园就要被人类自己给毁了。这既不是危言耸听,也不是杞人忧天,这是人类必须面对的严酷现实。

现在来看看什么是污染空气的罪魁祸首吧!

根据能源被大规模利用这个特点,现代"人为"的大气污染来源主要有三个方面。一是工业污染源,即火力发电,钢铁和有色金属冶炼,各种化学工业给大气造成的污染。二是交通污染源,即汽车、火车、飞机、船舶等交通工具的煤烟、尾气排放。三是生活污染源,排入大气的主要污染物质是颗粒物质、硫氧化物、碳氢化物、氮氧化物,以及一氧化碳和CO_2等。

大家知道,洁净的空气是以氮气和氧气为主的混合气体,是人类生存的必要条件,而臭氧、悬浮颗粒、氮氧化物、一氧化碳、重金属等会造成空气污染,被吸入人体后将会危害人的健康。人类呼吸受污染的空气会罹患呼吸系统疾病、肺功能损伤、心肺疾病等，并导致死亡率上升。每年由于吸入颗粒状空气污染物而导致肺部疾病死亡的人数甚至多于交通事故死亡人数！与成人相比，儿童更易遭受空气污染的影响。

城市空气污染的主要源头是燃煤电厂、燃油机动车和化工厂。化石燃料的燃烧是空气中微小颗粒物的主要来源；汽车尾气中含有碳氢化合物、氮氧化物、二氧化硫、悬浮颗粒物和一氧化碳，以及甲醛、乙醛和苯等有毒的有机化合物；化工厂排放大量挥发性有机污染物。近期公布的证据显示，柴油发动机废气的危害程度远远超过人们之前的认识。燃料在发电厂锅炉和机动车的发动机内燃烧后，会产生二氧化氮以及其他氮氧化物。二氧化氮是一种强氧化剂，在空气中可以通过化学反应生成具有腐蚀性的硝酸以及有毒的有机硝酸盐。汽车发动机和工厂所释放出的氮氧化物及活性碳氢化合物，在大气中经紫外线照射后会生成化学性质高度活泼的臭氧。此外，臭氧还是形成光化学烟雾的一种关键成分。一氧化碳是一种由于煤炭、木材和石油不完全燃烧产生的有毒气体。在城市中，汽车尾气排放的一氧化碳占大气中一氧化碳总量的95％之多。

煤炭和柴油等含硫燃料在火力发电厂锅炉和柴油发动机内燃烧时，会产生二氧化硫。二氧化硫在大气中也会形成酸性颗粒。废弃物燃烧过程中会产生飞灰，飞灰含有铅、镍、镉、铜、汞等金属污染物，以及二噁英和呋喃等有毒物质。火力发电厂排放的污染物可能会飘到遥远的地方。在污染物的飘移过程中，二氧化硫分子会转化为硫酸，氮氧化物则会转化为硝酸（图16-1），并最终以降雨、雨夹雪及降雪的形式返回地面。酸雨、温室效应、臭氧空洞和光化学烟雾等都是燃烧化石燃料造成的，这些环境问题令人忧心不已。

空气被污染后，随之而来的酸雨，被称为"空中死神"，给人类造成很多的恶果。

现在，环境保护这个话题家喻户晓，人人皆知，环保警钟已经敲响，是时候了，人类快行动起来，保护环境，保卫人类的家园，交给子孙后代一个美丽富饶的地球，创立一个人与大自然和谐共处的美好未来。

环境关乎你我他，保护环境靠大家。拯救地球，要"各尽所能，同心协力"，在保护环境的伟大事业中，我等离子体也要贡献一份力量，下面请看等离子体如何协助净化空气。

雨、雪中携带的
硫化物和氮化物
降落到地表形成
硫酸和硝酸

低于200 km高空中
的SO_x、NO_x颗粒

初始的污染物、
硫化物和氮化物

大气中的变化过程：
$SO_2 \rightarrow$ 硫化物
$NO_2 \rightarrow$ 氮化物
硫化物 $\longrightarrow$ 硫酸
氮化物 $\longrightarrow$ 硝酸
释放物：
工业炉释放的
SO_2、NO_2颗粒物

地球表面的化学反应和
酸化反应的传输和转变过程

图 16 - 1　污染源排放的污染物在大气中的传播路径

二、利用非平衡等离子体净化空气

空气质量和人们的日常生活息息相关，现代工业的发展使得空气中的污染物日益变得复杂而多样。特别是空气中的硫氧化物、氮氧化物及苯类等有害分子对人体危害很大，而且用传统的净化方法（例如吸附法、洗涤法、静电除尘法等）有净化不彻底、重复性差等缺陷，已不能适应空气净化的需要。

20 世纪 80 年代末，有人提出非平衡等离子体净化空气的技术，这种技术有净化彻底、净化范围广、可重复使用等优点，在国际上日益得到重视。

首先说说什么是非平衡等离子体。非平衡等离子体是低气压下或常压下电子温度远远大于其他粒子温度的等离子体。其电子温度可达到 10 000 K 以上，而离子和中性粒子的温度却只有 300～500 K。系统处于热力学非平衡态，其表观温度较低，所以非平衡态等离子体又可称为低温等离子体。如低气压下直流辉光放电、高频感应辉光放电，又如大气压下介质阻挡放电和微波放电产生的冷等离子体,这些大气压下非平衡等离子体源的相关技术,正在迅速发展。

非平衡等离子体空气净化技术的原理:非平衡等离子体技术是通过电晕放电产生等离子体,它包含电子、原子、分子和自由基[①],这些粒子具有高度反应活性,能与各种有机、无机污染物分子反应,从而使污染物分子分解成为小分子化合物,或将有机物分解为 CO_2 和 H_2O。在产生等离子体的同时,也会有大量的负离子产生,一方面可用于调节空气中的离子平衡,另一方面,还能有效地清除空气中的污染物。高浓度的负离子同空气中的有毒化学物质和病菌悬浮颗粒物相碰撞使其带负电。这些带负电的颗粒物会吸引其周围带正电的颗粒物而积聚长大,最后脱离空气沉降到固体表面,这就是低温等离子体的负离子净化原理。

现在市面上有一类产品叫"氧吧",其实是负离子发生器,原理也是利用高压电场或放电,使空气中的氧分子电离化,负氧离子有一定的消毒作用,有人称为"空气维生素",但氧吧不会产生氧气,更没有什么活性氧。

等离子体净化技术的最大特点是可以高效、便捷地对各种污染物进行破坏分解,使用的设备简单,便于移动,适用于多种工作环境。它不仅可以对气相中的化学物质、生物性污染物进行破坏,而且可以对液相和固相中的化学物质、放射性废料进行破坏分解;不仅可以对低浓度的有机污染物进行分解,而且对高浓度的有机污染物也有较好的分解效果。所以从理论上说,它在空气净化方面有着其他净化方法无法比拟的优点,该技术净化空气的前景非常广阔。近年来,这一技术在大气环境治理领域受到世界各国的普遍关注。

三、大气压非平衡等离子体源

俗话说:"工欲善其事,必先利其器。"的确,只有当能够在常压条件下产生非平衡等离子体的设备问世以后,等离子体污染治理技术才具有实际意义,并且有望获得广泛应用。利用等离子体净化空气需要什么设备呢?用于环保的等离子体源应采用高能电子束激发或电子放电技术。电子放电技术包括脉冲电晕放电、介质阻挡放电等。应用于环保领域的电晕放电反应器示意图如图 16-2 所

---

① 自由基:化学上也称为"游离基",是含有一个不成对电子的原子团。化学性质极为活泼,易于失去电子(氧化)或获得电子(还原),特别是其氧化作用强。

示。等离子体净化装置通常由一系列平行布置且并联连接的电晕放电管组成,这种排列方式可以有效提高系统处理大流量污染气体的能力。

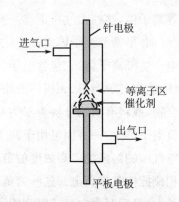

图16-2 电晕放电反应器示意图

电极表面的涂层采用特殊催化层,比单纯化学催化层更具优势。电晕放电是气体在不均匀电场中出现的高压放电现象。不均匀电场可采用小尺寸单电极或双电极制成。放电电流可采用直流、交流或脉冲电流。最为常见的脉冲电晕发生器用纳秒级脉冲放电,放电脉冲的大部分电能用于产生高能电子。

四、电厂污染物治理

治理的思路是:利用等离子体对电厂排放的一氧化氮和二氧化硫进行氧化,并最终形成硝酸和硫酸。等离子体中的氢氧自由基在对一氧化氮和二氧化硫的氧化过程及形成酸的过程中起到主要作用。酸和氨水混合之后形成盐,随后可采用洗涤工艺分离并去除所产生的盐。

在污染治理领域,低温等离子体是在电子束处理工艺中发挥作用的。电子束处理工艺是20世纪70年代开始发展的,颇受人们的欢迎,这种工艺已被广泛用于烟气脱硫和脱氮等用途。该方法是在装置中加入微量的氨与烟气混合,然后使高能电子束渗透进入污染气体,直接使气体分子发生分解和电离,在电子束电离气体的过程中,产生等离子体,等离子体会加速气体分子的电离和分解。此外,电子可以使煤中的90%以上的二氧化硫、一氧化氮立即氧化,并同氨反应生成化学肥料——硫酸铵和硝酸铵。既除去了烟气中的硫,又获得了硫的副产品,可以说"一举两得"。

电子束处理工艺是一种干法洗涤工艺。电子束法脱硫脱硝工艺流程如图16-3所示,设备示意图如图16-4所示。首先采用静电除尘法将烟气中的飞灰去除,然后烟气进入喷水冷却室。在喷水冷却室内水的作用下,烟气温度下降,湿度上升。烟气随后进入充有氨气的处理器内。在这里,烟气被高能电子束激发,生成 O_3、OH^- 等活性组分。二氧化硫和氮氧化物在氧化作用下生成硫酸和硝酸,并分别与氨气反应生成硫酸铵和硝酸铵,最后采用静电除尘器分离并去除上述反应产物。烟气净化工艺的副产物可用作肥料,净化后的气体则可直接排放入大气。

与传统的湿法石灰处理工艺相比,电子束处理工艺在运行成本和建设成本上更具优势,是用于发电厂锅炉脱硫及脱氮的下一代理想技术。

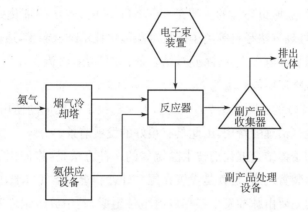

图 16－3　电子束法脱硫脱硝工艺流程图

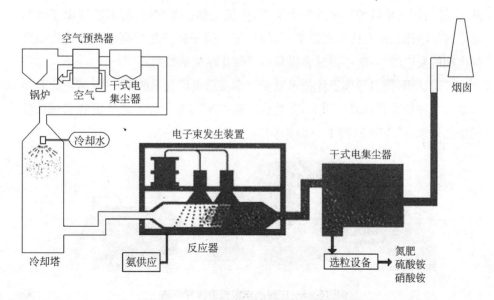

图 16－4　电子束辐照处理烟气设备示意图

五、汽车发动机废气处理

随着我国机动车尤其是汽车保有量的急剧增长,汽车尾气对环境的污染已给国民经济造成了巨大损失,因此,治理汽车尾气污染已经成为十分紧迫的任务。汽车尾气中大约有 100 多种化合物,是城市大气主要污染源之一,其中对人类危害较大、污染城市环境的主要是 CO, NO, SO_2。传统的催化处理方法效率很低,新型的处理方法是将等离子体技术和催化技术结合起来,通过脉冲电晕放电或电介质阻挡放电产生活性物质,结合催化剂作用,将汽车尾气中的 NO, CO 和碳氢类化合物还原或解离为 N_2, CO_2, H_2O 等无害或低害物质,在去除黑烟的同时,对 NO, CO 的脱除率达 70% 以上,大大延长了催化剂的使用期限,降低了汽车发动机废气治理的费用,因此具有很好的发展前景。

低温等离子体结合催化剂技术除尾气的一种方法是:将催化剂设置在低温等离子体发生装置之后,也就是设置在尾气处理装置的出气口端,由于低温等离子体发生装置主要由脉冲发生器和放电组件组成,其中放电组件安装在进气端中。启动时,脉冲发生器开始工作,在低温等离子体发生器内产生大量的自由基,容易与尾气中的污染组分发生反应,使催化剂迅速起燃,将低温等离子体与催化剂的净化功能有机结合起来,利用低温等离子体产生的高能活性物质提高催化剂的反应活性,这样可显著提高尾气催化净化的效果。

实验证明,低温等离子体技术对于汽车发动机尾气中的颗粒物、碳氢化合物和氮氧化物的净化效果很明显,在结合现有的不同催化技术之后能够实现极佳的净化效果(图 16-5、图 16-6)。

图 16-5 广州汽车尾气治理专修站

图 16－6 一种商业化的汽车尾气治理机

六、等离子体处理挥发性有机污染物（VOCs）

列位看客，上面我讲了等离子体降服污染环境、危害人类的妖魔的办法，下面再谈一谈等离子体在处理另一类妖魔——VOCs 中所起的作用。先说说什么是 VOCs。

VOCs 是挥发性有机污染物的缩写，指在常温、常压下沸点在 260℃ 以内的有机化合物，例如，四氯化碳（CCl_4）、三氯乙烯（C_2HCl_3）、六氟乙烷（C_2F_6）和苯等。VOCs 是污染大气的主要组分之一，主要来源于石油化工、采矿、纺织、造纸、油漆涂料和金属电镀等行业所排放的废气，在常温下易挥发造成室内空气污染，在光照作用下会导致光化学烟雾，升高大气有机酸浓度，从而对人体健康和环境构成威胁。

现在看看等离子体是怎样参与 VOCs 污染治理的。等离子体与催化技术结合比较适合处理各类挥发性有机污染物，尤其在低浓度 VOCs 治理方面有重要作用。

低温等离子体处理挥发性有机污染物的原理与上述汽车尾气治理类似，也就是：在外加电场的作用下，高压放电产生大量高能电子，与 VOCs 分子发生非弹性碰撞,使其激发到更高的能级,形成激发态分子,激发态分子内能增加,促使化学键断裂形成活性物质,并与其他物质发生化学反应,最终分解生成 CO_2 和 H_2O 等,使有机废气得以去除。不过,单一的低温等离子体处理技术能耗偏高,而且在降解过程中有可能产生有害的副产物(如 CO),造成二次污染,为了克服这些缺陷,人们将等离子体技术与催化技术结合起来,从而提高能量效率与抑制副产物的产生。

室内挥发性有机物对居民健康有严重危害。用低温等离子体技术降解室内 VOCs 是空气净化领域近几年兴起的一种新技术。

有的看客可能对宇宙航行感兴趣,你们可知道宇宙飞船中如何去除空气污染物吗?为了使宇宙飞船在长时间太空任务中能够保持良好的空气,必须及时去除空气污染物。目前,一般采用在飞船空气循环器内安装碳吸附系统的方式去除。然而,碳吸附系统容易饱和,且需要系统再生,因此无法应对长时间的航天飞行。宇宙飞船为了实现食品自产,拟种植植物,可是,飞船环境会产生乙烯气体,这对植物生长不利。为了给植物提供良好的生长环境,需对乙烯气体进行降解。美国的某研究所研发成功了基于毛细管放电的低温等离子体处理技术,从而解决上述问题。图 16-7 为我国神舟宇宙飞船,图 16-8 为我国神舟飞船舱内。

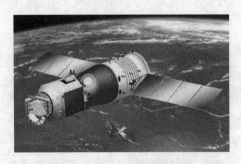

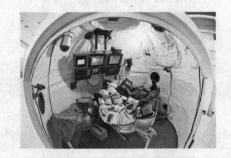

图 16-7　我国神舟宇宙飞船　　　　图 16-8　我国神舟飞船舱内

关于等离子体在空气净化方面的应用就谈这些吧!

在本章篇首,我们简述了环境污染的严峻形势,这个蔚蓝色星球的隐忧,接着我们介绍了等离子体辅助解决大气污染的方法。在本章结尾我们指出:人类若能注意环境问题,爱护环境,治理污染,亡羊补牢,则人类发挥自身的创造力,是能解决环境问题的,前途是乐观的。

第十七章　我的田园梦

——等离子体在农业上的应用

列位看客,有农民伯伯问我:你等离子体神通广大,能不能到我们农村来显身手? 我说,等离子体没有忘记农民朋友,没有忘记农村广阔的天地,在那里是大有可为的。我也做过美丽的田园梦。等离子体在农业领域,发展了等离子体种子处理、离子束注入诱变育种、微生物菌种改良、离子介导转基因等技术,还有绿色有机农业核心技术——农用等离子体制剂业已上市。所有这些技术已经呈现出美好的应用前景。下面我举几个例子说明。

一、等离子体种子处理技术

"等离子体种子处理技术"是农作物在播种前用等离子体对种子进行处理,使农作物达到显著增产的高新技术。人们怎么会想到用等离子体处理种子呢?原来,这来源于航天试验,在航天试验中发现,利用卫星搭载的种子,从太空返回地面种植后,表现出异常的生长活力,其主要原因是太空中较强的等离子体和宇宙射线对作物种子的激活作用,开启了作物的一些潜在基因,从而使作物表现出较强的抗逆性和生命力。受此启发,人们想到用等离子体发生器来模拟太空的部分等离子体环境,形成一个具有光、电、磁及活性离子的局部环境,植物种子通过该环境处理,种子的生命力被激活,使作物从种子萌发到成熟结果,都具有生长优势,从而增加产量,改善品质,产生同卫星搭载的种子相类似的效果。

为用人工方法获得等离子体,有人研制了农用低温等离子体作物种子处理设备,用于种子处理(图17-1)。研究开发出一系列等离子体作物增产实用技术,如小麦等离子体抗旱增产技术、玉米等离子体高产技术、大豆等离子体增产技术、蔬菜快速育秧高效增产技术和等离子体恢复老化种子活力技术。这些技术在田间试验中证实可使作物产量大幅度提高。

图 17－1　冷等离子体种子处理机

事实证明，经过冷等离子体处理后，种子发芽率明显提高，同时增强了农作物抗旱、抗病等抗逆性能，减少化肥农药的使用，且作物产量增加（图 17－2）。

图 17－2　种子处理试验对比图（右手拿的为处理后的）

或许有人要问，为什么等离子体处理会增加作物的活力呢？可能的解释是：当种子通过等离子体放电区时受到可见光和紫外光的同时作用。可见光和种子表层相互作用时,光被吸收和散射,吸收的部分迫使电子产生振动而转化为热能。而紫外线与物质(种子)作用时,紫外光的能量使物质分子的电子从较低能态(基态)跃迁到较高能态(激发态),使得种子增强了活力。

低温等离子体作物种子处理技术开辟了等离子体在农作物上应用的新途径,为农作物的高产、稳产创造出了一条新路子,丰富了我国农业增产技术。

等离子体种子处理技术易于掌握,易于操作,易于推广,可以成为我国农村种植业增产的重要技术手段,具有重要的应用价值和广阔的市场前景。

二、低温等离子体灭菌除臭

列位看客:谁都希望居住的环境山清水秀,蓝天白云,鸟语花香,空气纯洁清新。然而,事与愿违,随着社会经济的飞速发展及城市化进程的不断加速,室内外环境污染问题日益突出。恶臭作为环境公害之一,直接影响人们的生活质量,甚至危害到人们的健康,已越来越受到人们的关注。

有人问恶臭的源头在哪里? 回答是:人类活动导致产生恶臭的环境还是比较多的。日常生活中的产生恶臭的地方,如厕所、污水处理厂、垃圾转运站等;工业和农业上产生恶臭的地方,如化工厂、涂料厂、农药厂、养殖场、畜牧场等。

由于现有灭菌除臭方法存在一些局限性和不足之处,为了提高消除污染灭菌除臭效果,人们求助于等离子体。低温等离子体除臭是现代效率最高的处理手段,同时其杀毒灭菌的作用可以根治恶臭源头。

低温等离子体技术应用于恶臭气体治理,具有处理效果好,运行费用低廉、无二次污染、运行稳定、操作管理简便等优点。

等离子体之所以能治理恶臭,是因为:等离子体中包含大量的高能电子、正负离子、激发态粒子和具有强氧化性的自由基,这些活性粒子和部分废气分子碰撞结合,在电场作用下,废气分子被电离和激发,然后便引发了一系列复杂的物理、化学反应,使复杂大分子污染物转变为简单小分子安全物质,或使有毒有害物质转变成无毒无害或低毒低害的物质,从而使污染物得以降解去除。

此外,低温等离子体除臭技术还具有优秀的消毒杀菌之功效。由此可见,低温等离子体技术不仅可以净化空气,同时还可以消毒杀菌,从而使空气保持在自然、清新的状态。

现在已有不少厂家生产低温等离子体灭菌除臭设备,如图 17-3 所示。

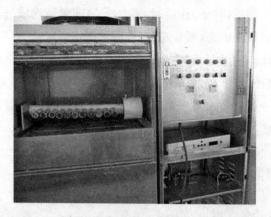

图 17-3　低温等离子体除臭机(图片取自互联网)

图 17-4 为内置式等离子体发生器,该发生器所产生的低电压、大电流的高密度等离子体能使微生物气溶胶离子化,进而失去传染性,同时能够迅速分解设施内的恶臭气体。

图 17-4　内置式等离子体发生器

低温等离子体灭菌除臭作为环境污染处理领域中的一项具有极强潜在优势的高新技术,已经受到了国内外相关学科界的高度关注。

三、农用等离子体制剂

列位看客,古语说:"农,天下之大本也。"无论社会如何发展,都离不开农业作为基础,因为土地上种出的粮食和蔬菜,是人们赖以生存的根本。正所谓"民以食为天"。如今,国家提出的乡村美好图景是"农业强、农民富、农村美",这也是国家绘制的农业发展蓝图。2017年中共中央办公厅、国务院办公厅印发了《关于创新体制机制推进农业绿色发展的意见》,提出将绿色农业作为重点来抓。

绿色农业是这样一种农业发展模式:它将农业生产和环境保护及食品安全协调起来,在促进农业发展、增加农户收入的同时,保护环境、保证农产品的绿色无污染。

绿色农业以"绿色环境"、"绿色技术"、"绿色产品"为主体,促使过分依赖化肥、农药的化学农业向主要依靠生物内在机制的生态农业转变。在这种转变中,等离子体能有什么作为呢? 如果说绿色农业是未来发展的趋势,那么代表现代农业的高端农业技术——农用低温等离子体技术,则是未来农业可持续发展的核心支撑。

据报载,为了将低温等离子体技术更好地应用在农业生产中,中科拓达农业科技公司开发出农用等离子体制剂,这种制剂称作"勃生"系列物理肥,是将等离子体类有效成分,搭载在生物源原料上,生产出全新的种植业投入品。它不含化学合成物,生产过程也没有三废产生;它避免了环境污染和农药残留问题,更加绿色安全。它实现了农业生产与生态环境的有机平衡。

列位看客,关于等离子体服务于农业的话题就说到这里吧。本章是说"地",下一章就要谈"天"了,正所谓"谈天说地",明·冯梦龙《东周列国志》第九十七回:"话说大梁人范雎字叔,有谈天说地之能,安邦定国之志。"是说某人知识渊博,胸怀大志。愿青年看客也有谈天说地之能,安邦定国之志,报效祖国。

第十八章 进军太空
——等离子体与空间科学

列位看客:自古以来,茫茫无际的宇宙空间充满神秘,人类对于太空总有着无限的遐想与无止境的探索。在中国有"夸父逐日"、"嫦娥奔月"、"牛郎织女""天仙配"等美丽的神话故事。在漫长的岁月里,先辈学者倾注了很大的精力去观测和研究发生在地球周围空间(近地空间)、太阳系空间及更遥远的宇宙空间的自然现象。于是逐渐形成空间科学这门学科。

空间科学是指利用航天器研究发生在日地空间、星际空间及至整个宇宙空间的自然现象及其规律的科学。空间科学以航天技术为基础,包括空间飞行、空间探测和空间开发等几个方面。它不仅能揭示宇宙奥秘,而且也给人类带来巨大的利益。空间的开发和利用已向人类展示了美好的前景。

人们要想研究宇宙空间,当然要到太空去,进行所谓的"空间探测",这就要利用航天器,借助火箭推进。然而,目前的化学火箭,由于燃料重量大,比冲①不够高,况且路途遥远,范围广,时间长,所以不是有效的运载工具。

随着人们对等离子体知识的扩大,等离子体技术已引入空间技术领域。将等离子体推进技术用于航天事业,从而研制等离子体火箭。

早在 1973 年,华裔物理学家、火箭科学家和宇航员富兰克林·张·迪亚兹(Franklin Chang-Diaz)就提出了等离子体火箭的概念。

富兰克林·张·迪亚兹又名张福林(图 18-1),生于 1950 年 4 月 5 日,美国宇航员,至今曾参与七个太空任务。宇航员的经历让他更加向往等离子体火箭,

---

① 比冲:是推进器领域的学术名词,其物理意义是单位质量的燃料消耗所能产生的冲量。推进器的比冲越高,所需携带的燃料越少。

强烈地相信速度是人们在未来抵达火星或更远目标的关键。他于是萌发了制造等离子体火箭的想法。

图 18－1　华裔火箭科学家和
　　　　宇航员张福林

图 18－2　张福林测试等离子体火箭

　　他设想,利用核反应堆将氢变为 200 万摄氏度的等离子体,然后用磁场控制高温等离子体让其从火箭尾部喷出,从而产生推力。他推算,安装上等离子体火箭,太空飞船的速度可达 19.8 万千米每小时,从地球到火星只需要 39 天的时间,只是现在借助其他航天器从地球到火星飞行所需时间的六分之一。2005 年他创立 Astra 火箭公司,全力研制等离子体火箭(图 18－2)。

　　等离子体火箭的工作原理如图 18－3 所示。简单说来,火箭通过向气体燃料中注入电能来制造等离子体,由磁场控制反向高速喷射出去,从而推动火箭高速前进。等离子体火箭又称"可变比冲磁等离子体火箭"(图 18－4)。可变比冲磁等离子体火箭有如下的一些特点:

　　等离子体火箭能将燃料转化成带电粒子,相比于传统的化学火箭,等离子体火箭总计大约可以节省 90％ 的燃料。也就是说,在相同质量燃料下,等离子体火箭可以搭载的货物质量是传统的 10 倍。

　　这种火箭功率大,比冲高,并且比冲在恒定功率下是可调节的,使得它有更大的柔性,能有更多的机会改变飞行路线或者返回地球,而且它基本上没有污染。

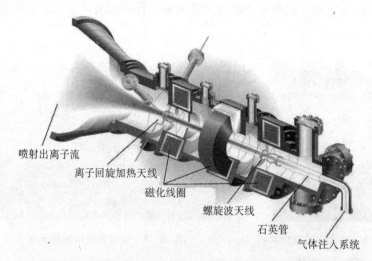

喷射出离子流

离子回旋加热天线

磁化线圈

螺旋波天线

石英管

气体注入系统

图 18‑3　可变比冲磁等离子体火箭原理图（取自互联网）

图 18‑4　可变比冲磁等离子体火箭飞行想象图

　　等离子体火箭的一个主要缺点是低推力。所以,得先用大功率的化学火箭将飞行器送入环绕地球的轨道,然后用这种小推力的等离子体火箭去执行各种特殊任务。

　　还有一个问题是这些等离子体不仅能推动探测器,还会摧毁任何与它有接触的物质。不过据说科学家和工程师正想方设法克服这些缺点,力争等离子体火箭早日上天。就像屈原《离骚》中所说："路漫漫其修远兮,吾将上下而求索。"意思是:"在追寻真理方面,前方的道路还很漫长,但我将百折不挠,不遗余力地去追求和探索。"

此外,等离子体在空间科学和技术中的应用还有很多。例如,用人工产生等离子体环境,以模拟外层空间的条件。可以制造高热电弧风洞,以便试验航天用的超高速飞行器,也可模拟试验人造卫星返回大气层的过程,还有在天体物理学中的应用,等等。上面我只着重谈了等离子体火箭,即等离子体推进器,别的方面就不一一列举了,感兴趣的读者可去看有关专著。

结束语

——我的前途灿烂光明

列位看客，到了同大家说再见的时候了。我脑海里回荡着一首前苏联的歌曲，曲名叫作《大学生圆舞曲》，歌词是这样的：

明亮的课堂，

美丽的校园，

向你告别再见。

广阔的前途和金色的春天，

召唤着我们向前，

生活，美好的生活，

向我们揭示前途灿烂光明，

正确地掌握了前进的方向，

在新的路上前进。

前面，

我们父兄留下光辉功绩，

那条道路通向伟大胜利。

这首曲子恰能表达我此时的心情。

想我等离子体从被朗缪尔命名到现在，已有数十个年头。随着时光的节奏，在不知不觉中，我犹如从一个幼稚的女孩，成长为亭亭玉立的青春少女，由天真无知，变为成熟懂事，由少有人知到广泛应用。如今，等离子体科学技术方兴未艾，并将如日中天，跻身于高科技之林。

现在人们已经普遍地认识到等离子体无处不在：大到广袤无边的太空，小到纳米材料,都可以找到我的踪迹。这几十年,等离子体科学技术不仅广泛渗透到能源、材料、冶金、机械、化工、电子、电光源、生物医学和航空航天等学科领域,也深入人类生活的各个方面。现在等离子体的应用十分广泛:从军用到民用,从大工业到居民家庭日用百货。纵观等离子体科学技术几十年发展,的确取得了诸多举世瞩目的应用成就。

虽然 20 世纪等离子体科学与技术研究已有多方面进展,但在科学技术飞速发展的今天,等离子体科学与技术仍面临着难得的机遇和巨大的考验。展望未来,前景十分广阔,可从两方面来说明。

一是等离子体科学与技术正处于蓬勃发展时期,并且在不断开拓各种新的应用途径,在开发新材料、新能源和全面革新微电子器件工艺等方面开辟了许多新的研究方向。21 世纪科技的发展,迫切要求应对人口增长、全球资源和能源短缺、生态环境破坏的挑战,等离子体技术就是迎接这些挑战的技术之一。

二是等离子体理论研究和实验方法在迅猛发展。研究等离子体的各种理论模型已经建立起来,并找到了合适的数学描述方法,这些理论将对等离子体的技术应用起到指导作用,此外,还有很多理论和实际应用问题等待进一步开发。同时,等离子体相关的实验技术与研究方法也有很大的进步,尤其是等离子体的诊断技术日臻完善。各种状态下的等离子体,都有较可靠的诊断方法,尤其是为磁约束等离子体聚变发明了许多诊断方法,研制出很多诊断仪器。这些都为等离子体科学技术进一步发展奠定了物质和理论基础。所以说等离子体前途灿烂光明。

最后,让我们共唱一曲《等离子体之歌》:

上从宇宙,
下到人间,
都有我的身影,
神秘光辉灿烂。

欲知我身,
需用诊断。
温度密度能量,
便可一目了然。

我的本领，
非同一般。
能把表面改性，
能把钢板射穿。

从霓虹灯，
到极光闪电，
神笔空中彩绘，
我会七十二变。

从核聚变，
到磁流体发电，
为人类的生活，
做出积极贡献。

从不自卑，
决不自满，
为了人类幸福，
永远向前向前。

图结-1　远大前程

参考文献

[1] 汪茂泉. 课余谈物质第四态[M]. 合肥:安徽科学技术出版社,2005.

[2] 顾琅. 物质的第四态[M]. 呼和浩特:内蒙古大学出版社,2000.

[3] 赵青,刘述章,童洪辉. 等离子体技术及应用[M]. 北京:国防工业出版社,2009.

[4] 葛袁静,张广秋,陈强. 等离子体科学技术及其在工业中的应用[M]. 北京:中国轻工业出版社,2011.

[5] 马志斌,付秋明,郑志荣. 等离子体技术与应用实验教程[M]. 北京:化学工业出版社, 2014.

[6] 许根慧等. 等离子体技术与应用[M]. 北京:化学工业出版社,2006.

[7] 辛仁轩. 等离子体发射光谱分析[M]. 北京:化学工业出版社,2005.

[8] (美)Orlando Auciello, Daniel L. Flamm. 等离子体诊断(第一卷):放电参量和化学[M]. 郑少自,等译. 北京:电子工业出版社,1994.

[9] 孙杏凡. 等离子体及其应用[M]. 北京:高等教育出版社,1982.

[10] 李定等. 等离子体物理学[M]. 北京:高等教育出版社,2005.

[11] 张谷令等. 应用等离子体物理学[M]. 北京:首都师范大学出版社,2008.

[12] 叶超,宁兆元,江美福等. 低气压低温等离子体诊断原理与技术[M]. 北京:科学出版社,2010.

[13] (印)P. I. John. 等离子体科学与财富创造[M]. 王守国,译. 北京:科学出版社,2013.

[14] 马腾才,胡希伟,陈银华. 等离子体物理原理[M]. 修订版. 合肥:中国科学技术大学出版社,1988.

[15] [前苏联]夫兰克-卡勉涅茨基. 等离子体——物质第四态[M]. 张森, 译. 上海:上海科学技术出版社,1965.

[16] 黄润生,沙振舜,唐涛. 近代物理实验[M]. 南京:南京大学出版社,2008.

[17] 沙振舜等. 新编近代物理实验[M]. 南京:南京大学出版社,2002.

[18] 沙振舜. 最美丽的十大物理实验[M]. 南京:南京大学出版社,2013.

[19] 沙振舜,钟伟. 简明物理学史[M]. 第 2 版. 南京:南京大学出版社,2015.

[20] 沙振舜等. 当代物理实验手册[M]. 南京:南京大学出版社,2012.

[21] 沙振舜. 怎样做好等离子体实验[J]. 物理实验,10(5),1990.

[22] 周非、沙振舜. 用电子管做等离子体诊断实验[J]. 物理实验,30(9),2010.

[23] 国家自然科学基金委员会. 等离子体物理学[M]. 北京:科学出版社,1994.

[24] 王淦昌. 人造小太阳:受控惯性约束聚变[M]. 北京:清华大学出版社,2000.

[25] 张美媛. 能源春秋:新能源的开发与利用[M]. 北京:石油工业出版社,2003.

[26] 袁之尚,张美媛. 核与射线[M]. 北京:石油工业出版社,2003.

[27] 刘鉴民. 磁流体发电[M]. 北京:机械工业出版社,1984.

[28] 陈心中. 能源基础知识[M]. 北京:能源出版社,1984.

[29] 马经国. 新能源技术[M]. 南京:江苏科学技术出版社,1992.

[30] 崔金泰. 各显神通的新能源[M]. 北京:北京工业大学出版社,1993.

[31] 力劼编译. 能源的今天与明天[M]. 北京:科学普及出版社,1987.

[32] 朱志尧,苏曼华. 灯史[M]. 沈阳:辽宁少年儿童出版社,1996.

[33] 丁有生,郑继雨. 电光源原理概论[M]. 上海:上海科学技术文献出版社,1994.

[34] 张爱堂,冯新三,赵荣. 电光源[M]. 北京:轻工业出版社,1986.

[35] 王文祥. 真空电子器件[M]. 北京:国防出版社,2012.

[36] 赵化侨. 等离子体化学与工艺[M]. 合肥:中国科学技术大学出版

社,1993.

[37] 余金中. 半导体光电子技术[M]. 北京:化学工业出版社,2003.

[38] 李可为. 集成电路芯片制造工艺技术[M]. 北京:高等教育出版社,2011.

[39] (美)弗恩. 等离子体技术在冶金中的应用[M]. 刘述临,等译. 北京:北京工业大学出版社,1989.

[40] 潘应君等. 等离子体在材料中的应用[M]. 武汉:湖北科学技术出版社,2003.

[41] 樊东黎等. 热处理技术手册[M]. 北京:化学工业出版社,2009.

[42] 王海福,冯顺山,刘有英. 空间碎片导论[M]. 北京:科学出版社,2010.

[43] 肖占中,宋效军. 新概念常规武器[M]. 北京:海潮出版社,2003.

[44] 金涛. 21 世纪中国少儿科技百科全书[M]. 修订版. 第 4 卷. 北京:中国和平出版社,2000.

[45] 周茂堂. 大学物理(第三册):军事物理[M]. 大连:大连理工大学出版社,2001.

[46] 孟凡. 空气污染知识读本——关注雾霾,关爱健康[M]. 北京:科学普及出版社,2014.

[47] 刘文迁. 环境你我他[M]. 呼和浩特:远方出版社,2007.

[48] 汪家权,许建. 生态强省　美好安徽[M]. 合肥:合肥工业大学出版社,2013.

[49] 王国建. 功能高分子材料[M]. 第 2 版,上海:同济大学出版社,2014.

[50] 蒋民华. 神奇的新材料[M]. 济南:山东科学技术出版社,2013.

[51] 陈秀芹等. 临床专科护理速查手册[M]. 天津:天津科学技术出版社,2009.

[52] 王清勤等. 建筑室内生物污染控制与改善[M],北京:中国建筑工业出版社,2011.

[53] (日)菅井秀郎. 等离子体电子工程学[M]. 张海波,张丹,译. 北京:科学出版社,2002.

[54] 李兴文等. 放电等离子体基础与应用[M]. 北京:科学出版社,2017.

[55] 邵涛. 大气压气体放电及其等离子体应用[M]. 北京:科学出版

社,2015.

[56] 孙冰.液相放电等离子体及其应用[M].北京:科学出版社,2013.

[57] (美)等离子体 2010 委员会.等离子体科学[M].王文浩,译.北京:科学出版社,2012.

[58] 李芳.尘埃等离子体物理[J].物理,23(9),1994.

[59] 马锦秀.尘埃等离子体[J].物理,35(3),2006.

[60] 宋铮等.无线与电波传播[M].第三版.西安:西安电子科技大学出版社,2016.

[61] 孙宗祥等.离子体减阻技术的研究进展[J].力学进展,33(1),2003.

[62] 李学识等.等离子体天线研究与应用进展[J].现代电子技术,33(5),2010.

[63] 方向前等.等离子体处理种子在农业上的应用[J].现代农业科技,(20)2008.

[64] 中国科协学会学术部.大气压气体放电等离子体核心关键技术及应用前景[M].北京:中国科学技术出版社,2013.

[65] 王群善等.工程物理——现代工程技术物理基础[M].沈阳:辽宁科学技术出版社,1993.

[66] 肖达川等.电工学现代工业文明之源:电工学[M].济南:山东人民出版社,2001.